Joachim Pfeffer, Miriam Sasse

OpenSpace Agility kompakt

Mit Freiraum und Transparenz zur echten agilen Organisation

Bibliografische Information der deutschen Nationalbibliothek
Die Deutsche Nationalbibliothek verzeichnet diese Publikation in der Deutschen Nationalbibliografie.
Detaillierte bibliografische Daten sind im Internet über http://dnb.d-nb.de abrufbar.

1. Auflage 2018
Copyright © 2018 peppair GmbH, Oberweiler 2, 88239 Wangen im Allgäu, info@os-agility.de
Lektorat: Dolores Omann, Wien
Cover: OSA Big Picture © Daniel Mezick
Herstellung: BoD – Books on Demand, Norderstedt

Printed in Germany.
ISBN 978-3-947487-01-1

Inhalt

Geleitwort von Daniel Mezick   5

Vorwort der Autoren   7

Einleitung   9

Herausforderungen bei der Transformation von Organisationen   11
Ganzheitliche Veränderungen in Organisationen 11
Gruppendynamik: Was bewegt das System? 12
Lernprozesse: Wie lernen wir, uns zu verändern? 13
Emotionen: Wie können Gefühle motivieren? 14
Kommunikation: Wie sprechen wir über die Transformation? 15

Prinzipien & Modelle der OpenSpace Agility   17
Hören Sie auf, das Wahrsagen von Projektplänen zu perfektionieren 17
Schaffen Sie ein sicheresArbeitsumfeld 18
Graben Sie in der Organisation nach Ideen und Engagement 18
Laden Sie die Mitarbeiter dazu ein, die Geschichte selbst zu schreiben 19
Open Space Technology 20
Prime/OS 22

OpenSpace Agility   23
Die Vorbereitung: Wappnen Sie sich für die Transformation 23
Der Anfang: Laden Sie alle ein 27
Der Aufbruch: Das erste Open Space Event 29
Die Mitte: Entdecken Sie selbst, was für Sie nützlich ist 31
Die Veränderung hat kein Ende: Wecken Sie das Gefühl des Fortschritts 36

Mit OSA starten   38

Wie OSA mit Konzepten der Organisationsentwicklung zusammenspielt 38
Erste Schritte mit OSA 42

Über die Autoren   45

Joachim Pfeffer 45
Miriam Sasse 45

Über Daniel Mezick   46

Literatur   48

Geleitwort von Daniel Mezick

The future of work and of business belongs to self-managed teams. Self-managed teams are managing decisions – decisions that affect the whole team. These self-managed teams are the future of business. The pace of change, driven by technology, continues to speed up. The logical thing to do is give the teams closest to the customer (and the revenue) the authority to make decisions that serve those customers. This is not a new idea.

What is a new idea is the idea of whole-group process to drive innovation. Whole-group processes are events that engage very large groups of people, from 500 to 5000 or more in one event. Through whole-group processes, businesses can increase employee engagement, collective sense-making, and real innovation. Through well-designed whole group processes, a business can respond to change, and outperform competitors. The ability to achieve this level of performance hinges on employee engagement.

Open Space Technology is a whole-group process designed to generate higher levels of employee engagement, self-management and innovation. OpenSpace Agility is a whole-group process that focuses the attention of the group on achievable goals within time frames or „time boxes" of 45 to 90 days. OpenSpace Agility combines Open Space technology with the Agile concepts of iteration, experimentation, inspection, and adaptation. OpenSpace Agility is an idea whose time has arrived.

I'm grateful to the authors, Dr. Miriam Sasse and Mr. Joachim Pfeffer, for this book about OpenSpace Agility. In the years to come, this book is sure to influence the work of a great many German-speaking innovators.

And I am very grateful for that!

Daniel Mezick
North Guilford, Connecticut, USA
May 22, 2018

Vorwort der Autoren

Als wir Daniel Mezick und sein Konzept der OpenSpace Agility kennenlernten, waren wir beide als Coaches in großen agilen Transformationen aktiv. Regelmäßig haben wir erlebt, dass ein Rollout agiler Arbeitsweisen intensiv von einer zentralen Stelle aus betrieben wurde. Uns vereinte die Überzeugung, dass dieser Ansatz nicht zum Ziel führen konnte – leider hatten wir damals keinen Einfluss auf die Setups.

In dieser für uns nicht erquicklichen Situation begegneten wir Daniel und seiner OpenSpace Agility (OSA). Daniel als Person und natürlich seine Ideen beflügelten uns. Uns wurde klar, dass wir mit unseren Annahmen zu erfolgreichen Vorgehensweisen bei Veränderungsprojekten richtig lagen. In Daniels Konzept fanden wir vieles wieder, das wir intuitiv so gemacht hätten und noch radikalere Gedanken darüber hinaus.

Mit seinem „Engagement Model" liefert Daniel Mezick ein schlüssiges Konzept für agile Transformationen. Auch wir sind der Meinung, dass freiwillige, einladungsbasierte Ansätze wie OSA die einzige realistische Chance bieten, um nachhaltige agile Transformationen durchzuführen. Klassische „Rollout-Szenarien" sind unseres Erachtens von Beginn an zum Scheitern verurteilt.

Wie Sie mit OpenSpace Agility erste Schritte in die richtige Richtung machen können, wollen wir Ihnen daher auf den nächsten Seiten zeigen. Über Daniels Ansätze hinaus bringen wir OSA zum ersten Mal mit vielen wichtigen psychologischen Hintergründen in Verbindung. Diese zeigen, wie und warum ein einladungsbasiertes Vorgehen mit Freiraum und Transparenz bei Transformationen wirkt.

An dieser Stelle sagen wir Daniel Mezick sowie Dolores Omann ein herzliches Dankeschön für ihre Unterstützung bei unseren OSA-Buchprojekten! Und Ihnen wünschen wir viel Erfolg bei Ihrem Change-Projekt!

Joachim Pfeffer und Miriam Sasse
Westerland, Sylt
Mai 2018

Einleitung

Bei unserer Arbeit als Unternehmensberater und Agile Coaches machen wir immer wieder die Erfahrung, dass die bisherigen Ansätze für agile Transformationen nicht nachhaltig sind. Häufig schwingen die agil arbeitenden Teams nach einiger Zeit in die klassische Arbeitsweise zurück. Dabei legen doch all die Zeitungsartikel, Vorträge und Bücher eindrucksvoll dar, dass wir es heute mit einer hoch komplexen und unsicheren Arbeitswelt zu tun haben. Ein Experte nach dem anderen weist darauf hin, dass wir bekannte Arbeitsmechanismen, Methoden und sogar das gesamte Mindset hin zur Agilität verändern müssen, um am Markt bestehen zu können.

Also nehmen Führungskräfte und Mitarbeiter all ihren Mut zusammen und verordnen sich Agilität. Und dann passiert es: Die Mitarbeiter sind von der neuen Arbeitssituation verunsichert und fangen entweder an, mit den verantwortlichen Führungskräften zu diskutieren oder ziehen sich einfach zurück. Innerhalb der Belegschaft tun sich die Fronten zwischen Befürwortern und Gegnern auf. Die Führungskräfte kommen aus ihrem gewohnten Führungsverhalten nicht heraus und versuchen, mit alten Denk- und Handlungsmustern neues Denken und Handeln zu erzeugen. Am deutlichsten wird das bei „Rollouts" von agilen Prinzipien: Agilität wird den Teams von oben nach einem festen Plan verordnet. Viele Führungskräfte finden das plausibel, schließlich haben sich die Organisationen an das Arbeiten mit Termin- und Stundenplänen, Agenden, Anforderungs-

listen, Methoden und Prozessen gewöhnt. Die Gespräche werden unruhiger, es zeigen sich Widerstände und vielleicht sogar Aggressionen. Dennoch macht die Organisation gerade zu Beginn der Transformation bemerkenswerte Fortschritte. Einen großen Beitrag leisten hier oft externe Berater und Coaches, die als Experten Vertrauen und Sicherheit in die Transformation bringen. Ob die Transformation aber wirklich gelungen ist, zeigt sich erst dann, wenn die externen Experten das Unternehmen wieder verlassen haben. Kaum hat der letzte Coach die Tür hinter sich zugemacht, bricht die Veränderung in sich zusammen und mitunter entwickeln sich Organisationen in ihren ursprünglichen Zustand zurück. Neben viel Zeit sind hohe Investitionen in die Unterstützung von außen geflossen – Kosten, die nun verloren sind.

Die Ursache in den meisten Fällen: Die wenigsten Transformation werden ganzheitlich gestaltet und noch weniger Transformationen nehmen die sozialen und psychologischen Aspekte des Wandels zu völlig neuen Arbeitsweisen in den Fokus. Gelungene Transformationen sind meistens einzelnen, hoch engagierten Mitarbeitern und „Change Agents" innerhalb eines Unternehmens zu verdanken, die intuitiv oder durch ihre Fähigkeiten aus einer Coaching-Ausbildung den Wandel professionell begleiten. Genau diese Aspekte nimmt das Konzept der OpenSpace Agility (OSA) auf.

Woran kann man diese hoch engagierten Mitarbeiter erkennen und wie kann man sie fördern? Wie erkennt man jene Personen, die intern die Veränderung treiben? Wie kann man die Mitarbeiter aktiv in der Transformation mitwirken lassen? Wie kann man Teamdynamiken besser begleiten und die Mitarbeiter stärker zur Weiterentwicklung inspirieren? Wie kann man das agile Mindset bereits während der Transformation vorleben?

OpenSpace Agility beantwortet diese Fragen, indem sie die Open Space Technologie als Kernelement nutzt. Gestützt durch den Rahmen der Open Space Technologie, können sich große Gruppen austauschen. Die Agenda wird nicht vorab vorgegeben, sondern entsteht während des Austausches durch die Teilnehmerinnen und Teilnehmer selbst – dadurch werden verborgenes Wissen und Engagement in der Organisation sichtbar. OSA skaliert diese Open Space Technologie zu einem einladungsbasierten Werkzeug für die Organisationsentwicklung, um eine Veränderung über mehrere Monate zu begleiten.

In diesem Buch zeigen wir Ihnen zu Beginn, welche **Herausforderungen** Ihnen bei einer Transformation begegnen können. Um dafür gewappnet zu sein, greift OSA auf verschiedene **Prinzipien und Modelle** zurück. Sie erhalten einen kurzen Einblick in die Open Space Technologie und Prime/OS. Anschließend widmen wir uns den **Phasen und Inhalten** von OpenSpace Agility. Im letzten Kapitel erfahren Sie, welchen Mehrwert OSA aus Sicht der Organisationsentwicklung und Psychologie bietet. Durch die **Gegenüberstellung von OSA und bewährten Konzepten** können Sie die Ansätze und Vorgehensweisen, die Sie bisher in Ihrer Organisation zur Transformation genutzt haben, besser mit OSA vergleichen, um Synergien zu nutzen und Bewährtes mit OSA zu verbinden. Abschließend geben wir Ihnen noch einige Anregungen für **erste Schritte** mit OSA in Ihrem Unternehmen mit auf den Weg.

Herausforderungen bei der Transformation von Organisationen

Ganzheitliche Veränderungen in Organisationen

Veränderungen sind in Organisationen die alltäglichen Wegbegleiter von Mitarbeitern und Führungskräften. Ob in Form eines kontinuierlichen Verbesserungsprozesses, einer Umstrukturierungsmaßnahme oder einer neuen Workshop-Reihe: Das Unternehmen, seine Mitarbeiter, die Arbeitsprozesse und Produkte verändern sich ständig und entwickeln sich weiter. Dabei werden mitunter mehrere, teilweise sehr umfangreiche und komplexe Veränderungsmaßnahmen parallel durchgeführt. Für die Führungskräfte ist es eine Herausforderung, alle diese Maßnahmen zu führen und zu systematisieren.

Begriffe wie „Business Transformation" oder „Organisations-Transformation" beschreiben Vorhaben, die weit über den üblichen Umfang von Veränderungsmaßnahmen hinausgehen. Mit dem Begriff Transformation sind ganzheitliche, weitreichende Veränderungsvorhaben gemeint, die sämtliche Unternehmensbereiche einbeziehen – inklusive Unternehmenskultur, -struktur und -strategie.

Das Topmanagement stößt diese Transformationen an, koordiniert und kommuniziert die Veränderungen. Dabei stoßen Manager auf diverse Herausforderungen und ein hohes Level an Komplexität:

- Sie müssen die Mitarbeiter in die Transformation einbeziehen und deren Lernprozess unterstützen.
- Sie müssen die Vision und den Sinn der Transformation kommunizieren.
- Sie müssen die Widerstände, Ängste und die Müdigkeit der Mitarbeiter wahrnehmen, die durch die Transformation entstehen und angemessen darauf reagieren.
- Sie müssen mit unberechenbaren Reaktionen im Unternehmen umgehen.

Geschäftsführer und Topmanager nehmen diese Herausforderungen an, damit das Unternehmen dauerhaft am Markt bestehen kann. Dafür scheuen sie weder Kosten noch Mühen, um den Trends der Globalisierung, Deregulierung, Digitalisierung, Migrierung, Demokratisierung, den Werten der neuen Wirtschaft und seit neuestem auch der Agilisierung zu folgen. Viele Transformationen entstehen aus dem Druck heraus, auf Marktveränderungen innerhalb kürzester Zeit reagieren zu müssen, und dazu greifen Unternehmen auf externe Berater als Unterstützung zurück.

Gesunde Organisationen verändern sich von innen

Nach Glasl (2014) ist es ein Merkmal einer gesunden Organisation, dass dieser Veränderungsbedarf rechtzeitig wahrgenommen wird. Das Unternehmen besitzt die Kompetenz, mit den eigenen Mitteln und Mitarbeitern die relevanten Informationen intern und extern aufzugreifen, zu interpretieren, daraus Maßnahmen abzuleiten und umzusetzen. Eine gesunde Organisation kann sich anpassen, ohne sich selbst zu gefährden. Sie kann ihre eigene Transformation reflektieren, auswerten und darauf reagieren.

Dies ist nicht der Fall, wenn mehrere oder alle diese Aufgaben in die Hände externer Berater gelegt werden. Viele Veränderungsmaßnahmen und Transformationen scheitern oder verlieren im Laufe der Zeit an Nachhaltigkeit, weil nicht berücksichtigt wurde, was die Organisation im Innersten zusammenhält: die Mitarbeiter.

Im Rahmen nachhaltiger Transformationen werden Mitarbeiter, ihre Art der Zusammenarbeit und Kommunikation, ihre Werte, Emotionen und Motivationen in den Fokus gesetzt. Dafür benötigt die Organisation ein Vorgehen für die Transformation, das Gruppendynamiken in Veränderungsprozessen einbezieht.

Gruppendynamik: Was bewegt das System?

Schon 1939 verwendete Kurt Lewin den Begriff der Gruppendynamik, um den Unterschied in den Eigenschaften und Fähigkeiten von Gruppen zu beschreiben und wie diese sich im Laufe der Zeit verändern. Diese starke Variation macht es schwer, für Transformationen allgemeingültige Aussagen über die beteiligten Teams und Gruppen zu treffen. Einige Theorien haben sich jedoch in der Praxis als große Hilfe erwiesen, daher werden hier einige davon vorgestellt.

Tuckman & Jensen (1977) beschreiben verschiedene Phasen, die eine Gruppe durchläuft, um sich nach Änderungen des Umfelds, der Aufgabe oder der Teamzusammensetzung wieder neu zu formen und weiterzuentwickeln:

Forming – Storming – Norming – Performing – Adjourning. Die Teams durchlaufen diese Phasen in wiederholten Zyklen, dabei sinkt und steigt die Leistungsfähigkeit des Teams. In der Performing-Phase ist die Leistungsfähigkeit des Teams am größten.

In welchem Ausmaß eine Gruppe überhaupt leistungsfähig wird, hängt nach Antons et al. (2004) davon ab, in welchem physischen, mentalen und sozialen Kontakt die Gruppenmitglieder stehen, wie zielorientiert sie sind und wie es um deren Zusammenhalt und Zugehörigkeitsgefühl bestellt ist.

Nach Schindler (1957) nehmen Mitglieder innerhalb der Gruppe verschiedene Positionen ein: Anführer, Experte, einfaches Mitglied der Gruppe und Widerständler. Dabei bezeichnet Schindler den Widerständler als Qualitätsindikator, weil an ihm als allererstes Defizite an den oben genannten Faktoren sichtbar werden. Pechtl (2001) beschreibt die Auswirkungen von Rollen wie dem „Klassenkasper", dem „Beliebten" oder dem „Sündenbock" auf ein Team, von Führungskräften und der Art und Weise, wie sie die Leistungsfähigkeit und Zielerreichung im Projekt bestimmen. Sie können in Transformationen als Begrenzer und Befähiger wirken.

In seiner Kraftfeldanalyse erklärt Lewin (1943) verschiedene Mechanismen, die dafür sorgen, dass zurückhaltende Kräfte oder Begrenzer auf der einen Seite und verändernde Kräfte oder Befähiger auf der anderen Seite eine Veränderung fördern. Jedoch sind all diese Mechanismen und Faktoren nur zugänglich, wenn das Unternehmen eine Kultur der Transparenz und des Vertrauens bietet. In autoritär geführten Teams oder Unternehmen bekommen die Führungskräfte nur selten offenes Feedback von den Mitarbeitern, daher bleiben ihnen Informationen über die Gruppendynamiken verborgen. Umso stärker wird so manche Führungskraft von Gruppendynamiken überrascht. Die neuen Ansätze der systemischen Organisationsberatung berücksichtigen die Spannungen zwischen Personen und der Organisation, die dabei entstehen (Ameln 2015).

Menschen können die Kräfte und Spannungen in Veränderungsprozessen von komplexen Systemen, wie Unternehmen es sind, nicht voraussagen (Dörner & Reither 1978). Viele Prozesse und Ereignisse beeinflussen sich gegenseitig und hängen nicht linear oder monokausal zusammen. Aufgrund der Eigendynamik geraten Transformationen schnell in eine Komplexität, in der sie nicht mehr plan- und steuerbar sind (Schreyögg & Noss 1995). Auch wenn ein Berater innerhalb der Transformation Maßnahmen durchführt, kann er deren Wirkung nicht genau zuordnen oder gar vorhersagen. Immer wieder kommt es zu widersprüchlichen Reaktionen und paradoxen Handlungen (Funder 1999). Aus diesem Grund ist es existenziell, offen über die Sachverhalte zu kommunizieren, um darauf reagieren zu können.

Immer mehr Organisationsentwickler raten deshalb zu einem Paradigmenwechsel in der Transformation: Legen Sie Interventionen vermehrt als Experimente aus! Sie sollen Muster durchbrechen, irritieren und die internen Prozesse stören. Nach Luhmann (1997) wird die Organisation diese Irritation entweder für sich aufnehmen und in ihr System einbauen, oder sie wird sie wieder vergessen und sich nicht zur Weiterentwicklung anregen lassen. Nach Schreyögg (1999) sind die Mitarbeiter in Organisationen „reizüberlastet", daher haben genau jene Methoden eine hohe Wirkung, die stark von den gängigen methodischen Schemata der Organisation abweichen, fremd sind und von den Teilnehmern nicht erwartet werden. Maßnahmen müssen also die Aufmerksamkeit der Mitarbeiter gewinnen und genug Fragen aufwerfen, unkonventionell sein und anecken, um eine Wirkung zu erzielen. Am besten wirken genau solche Methoden, die in den Mitarbeitern Suchprozesse und Neukonstruktionen des Sinns erzeugen. Die Mitarbeiter entwickeln sich dadurch weiter und schaffen auf diese Weise eine lernende Organisation.

Lernprozesse:
Wie lernen wir, uns zu verändern?

Damit Organisationen lernen und sich verändern, sieht Zech (2013) die Kombination aus zwei Elementen als erforderlich:

1. Die Strukturen und Regeln der Organisation müssen verändert werden.
2. Die Mitarbeiter müssen weiterqualifiziert und zur Selbstreflexion angeregt werden.

Selbstreflexion bedeutet nach Gentry (1990), dass Mitarbeiter das Bestehende und sich selbst in Frage stellen. Hierfür sind eine offene Unternehmenskultur und die Nähe zu den eigenen mentalen Modellen notwendig. Mitarbeiter lernen dann am besten, wenn sie nicht nur kognitiv, sondern auch affektiv und handlungsbezogen lernen – deshalb sollten Feedbackschleifen und Reflexionen Teil jedes Lernprozesses sein.

Damit Mitarbeiter sich verändern und verändert handeln, müssen nach Freyth (2017) sieben Faktoren erfüllt werden:

1. **Quelle**, die bescheinigt, dass es einen dringenden und unbestreitbaren Grund für eine Veränderung gibt
2. **Bereitschaft**, sich zu verändern und das Alte loszulassen
3. **Akzeptanz** des Neuen als etwas Förderliches
4. **Erwartungen** der Organisation an die Mitarbeiter sind klar
5. **Motivation** durch Anregung persönlicher positiver Bedürfnisse
6. **Möglichkeit**, sich individuell zu verwirklichen
7. **Kompetenz**, eigenes Wissen und Fertigkeiten zu nutzen

In typischen Transformationen werden die Mitarbeiter mit klassischen Methoden wie Vorträgen, Gruppenarbeiten oder Diskussionsrunden rein kognitiv angesprochen. Damit sie sich aber aktiv mit der Transformation, den neuen Arbeitsweisen und dem neuen Wissen auseinandersetzen, müssen sich die Mitarbeiter auch emotional und sozial damit beschäftigen (siehe Theorie U, Scharmer 2011). Handlungsorientierte Methoden wie Experimente, Action Learning, Rollenspiele, Aufstellungen, Zeitlinien, Theater oder Improvisation sorgen für dieses emotionale und körperliche Erleben. Diese Methoden haben zwei Effekte: Die Lern- und Ver-

änderungsinhalte werden besser erinnert und gleichzeitig wird die Entwicklung der Gruppen gefördert (siehe Tuckmann & Jensen 1977).

Ein wichtiger Teil des Lernens in Transformationen besteht darin, Altes wieder zu verlernen. Dafür müssen bereits gefestigte Handlungsmuster und Gewohnheiten abgelegt werden, was direkt mit dem emotionalen Erleben verbunden ist, denn die meisten Alltagshandlungen und Gewohnheiten werden durch unbewusste Emotionen aktiviert. Emotionen haben beim intuitiven Lernen und Handeln eine organisierende Funktion: Langfristig erinnern wir uns am besten an Situationen, die wir mit starken Emotionen verbinden – Emotionen dienen im Lern- und Veränderungsprozess als Katalysatoren (Greif & Kurtz 1996).

Emotionen:
Wie können Gefühle motivieren?

Mitarbeiter wissen meistens nicht, welche Transformation sie als nächstes ereilen wird. Im besten Fall sind damit positive Ereignisse verbunden, an die sich die Mitarbeiter noch lange erinnern. In der Regel empfinden sie aber sehr unterschiedliche Gefühle von Angst bis Vorfreude, von Neugierde bis Frustration, von Aufregung bis Langeweile, von Depression bis Begeisterung und durchlaufen verschiedene Phasen mit Höhen und Tiefen (Streich 1997). Auch wenn die unterstützende Wirkung von Emotionen bekannt ist, ist es oft unerwünscht, über Gefühle zu sprechen oder sie werden sogar verleugnet. Umgekehrt werden Emotionen wie Begeisterung und Enthusiasmus von den Mitarbeitern aktiv gefordert. Emotionen zu tabuisieren oder zu ignorieren, weckt jedoch offenen oder verdeckten Widerstand, führt zu Störungen im Tagesgeschäft, mindert die Leistungsfähigkeit, demoralisiert und zieht in extremen Fällen den Verlust der Identität und des Vertrauens in das Management nach sich.

Wenn eine Gruppe alte Lernerfahrungen und Denkmuster ablegen soll, bedeutet das für die Gruppe, das abzulegen, was sie bisher erfolgreich gemacht hat (Schein 1999). Auf den ersten Blick mag es „nur" eine Veränderung der Prozesse, Wertflüsse oder Kommunikationsformen sein, aber dahinter verbergen sich Philosophien, Machtstrukturen und Stabilität gebende Rituale. Ohne Wertschätzung des Alten bedrohen die Veränderungen der Transformation den Selbstwert und das Selbstbewusstsein der Mitarbeiter, es entstehen Selbstzweifel und damit verbunden diverse Rechtfertigungen. Vermeiden lässt sich das durch Wertschätzung, zum Beispiel in Form von Abschiedsritualen wie eine von den Mitarbeitern erstellte Abschiedszeitschrift oder eine Zeremonie, in der die Führungskräfte das Alte würdigen, zu den nächsten Schritten motivieren und den Sinn und Zweck der Transformation vermitteln.

Kommunikation: Wie sprechen wir über die Transformation?

Entscheidend ist, dass Kommunikation und Handeln der Führungskräfte kongruent sind. Unglaubwürdige Parolen oder abgehobener Optimismus verunsichern die Mitarbeiter eher, als dass sie ihre Motivation steigern. Nach Geyer & Kohlhofer (2008) beobachten Mitarbeiter intensiv, wie ihre Vorgesetzten mit der Veränderung umgehen. Ein ehrlicher Umgang mit Emotionen, eigenen Bedenken und Grenzen verleiht den Führungskräften größere Glaubwürdigkeit und stärkt das Vertrauen. Nach Schiewek (2016) geht es darum, die eigene „moralische Sensibilität und ethische Reflexivität" zu bewahren und auszudrücken.

Jede Kommunikation passiert in vier Schritten: Zuerst muss ein Kontakt zwischen den Akteuren hergestellt werden. Dann muss dieser Kontakt zur Wissensvermittlung genutzt werden. Wenn die Kommunikation verstanden wird, kann sie zur Steuerung eingesetzt werden – dadurch baut sich eine zwischenmenschliche Beziehung auf. Scheitert einer dieser Schritte, beginnt man wieder von vorn. Bei einer Transformation kann über Gespräche in Meetings und auf dem Flur, über Telefonate, Briefe, E-Mails, Intranet, Blog etc. Kontakt zu jenen Mitarbeitern hergestellt werden, die von der Transformation betroffen sind. Die Herausforderung liegt dabei in der Medienvielfalt und der geringen persönlichen Präsenz (Pardon 2003).

Je nach Erwartungen, Wünschen, Persönlichkeit und Erfahrungen interpretieren Mitarbeiter die Informationen über die Transformation auf vielfältige Art und Weise. Meist gehen Führungskräfte davon aus, dass die Kommunikation gelungen ist und erwarten einen geschäftlichen oder zwischenmenschlichen Erfolg. Gezielte Nachfragen und Verständnisprüfungen können helfen, sind aber keine Garantie gegen Missverständnisse (Ungeheuer 1987).

Die Kommunikation und damit die Kooperation scheitert nachweislich dann besonders oft, wenn die Beziehung zwischen den Akteuren gestört ist (Schuh et al. 2005). Ein gutes Beziehungssystem sorgt nach Wilkens (2013) für nachhaltige Wettbewerbsvorteile.

Zusammenfassend sind die Ziele bei der Kommunikation in Transformationen nach Yüksek (2013):

- Aufbau von Vertrauen,
- Sicherstellen eines Commitments und
- Erhöhung von Sicherheit.

Wird glaubwürdig über die Vor- und Nachteile der Transformation kommuniziert, sorgt das für Fairness und Vertrauen sowohl zwischen den Mitarbeitern als auch zwischen den Mitarbeitern und den direkten Führungskräften (Gebert & Boerner 1999).

Prinzipien & Modelle der OpenSpace Agility

Hören Sie auf, das Wahrsagen von Projektplänen zu perfektionieren

„Laut Projektplan ist das Produkt drei Monate vor dem Produktionsstart fertig – also: läuft!" Glauben Sie Aussagen dieser Art?

Die Entwicklung eines Produkts ist nur bedingt planbar – vor allem in einem komplexen Umfeld, in dem die Mitarbeiter mit instabilen, oft unbekannten Anforderungen und Technologien hantieren müssen. Hier versagen die Methoden des klassischen Projektmanagements, weil die Ursachen von Fehlern und Risiken und die Wirkungen von Maßnahmen nicht bekannt sind. Vorgegebene Prozesse werden von der hohen Dynamik lahmgelegt oder die Prozesse legen das Projekt lahm – je nach Sichtweise.

Agile Arbeitsweisen setzen hier mit Prinzipien wie „Transparency, Inspection und Adaptation" an. Wenn Sie zum Beispiel bei Ihren Teams auf das Rahmenwerk Scrum setzen und dieses wirklich leben, akzeptieren Sie, dass innerhalb Ihrer Rahmenbedingungen weitreichende, vorab erstellte Pläne nicht funktionieren. Mehr noch: Sie haben mit Scrum einen Weg gefunden, um damit umzugehen. Sie akzeptieren auftretende Probleme, unterstützen das Team bei der Lösung, vertrauen darauf, dass alle ihr Bestes geben und setzen auf dezentrale Entscheidungen und Optimierung. Diese neue Denkweise erfordert große Investitionen, die nicht in der Bilanz auftauchen: Mut und Vertrauen. Ihr Return on Investment: Eine lernende, resiliente, schlagkräftige Mini-Organisation – Ihr Scrum-Team.

Dazu benötigen Sie das offene Feedback Ihrer Mitarbeiter und die Bereitschaft, auch unangenehme Wahrheiten zu akzeptieren und gemeinsam nach Lösungen zu suchen.

Diese Einstellung ist die Basis einer erfolgreichen agilen Transformation: Sie müssen die Wahrheit transparent machen und akzeptieren.

Nur so können Sie lernen und Ihre Vorgehensweise anpassen. Wird Veränderung von oben befohlen, bleiben die Hierarchien so steil wie eh und je. Fehlt eine offene Fehlerkultur, dann fehlt auch der Mut zum offenen Feedback. Die Wahrheit wird durch den Befehl „Werdet agil!" verdeckt. Sie und Ihre Führungskräfte verspielen in diesem Fall die Chance, frühzeitig auf Probleme und Änderungen reagieren zu können. Auf den ersten Blick scheint die Transformation erfolgreich, denn Sie können alle geforderten Praktiken und Artefakte im operativen Betrieb beobachten. Es ist aber nicht mehr als die mechanische Umsetzung des Rollout-Befehls und keine agile Transformation.

Unsere Empfehlung

Ohne Transparenz und die frühe Rückmeldung der Mitarbeiter wird die Veränderung zum Blindflug. Agile Transformationen funktionieren nur, wenn sie ebenfalls nach agilen Prinzipien angegangen werden. Wenden Sie die Grundsätze von Transparenz, laufender Überprüfung und Anpassung daher auch auf Ihre Vorgehensweise an und entwickeln Sie damit iterativ und inkrementell Ihre Organisationskultur. Schließlich lautet das vierte Wertepaar des agilen Manifests: „Reagieren auf Veränderungen ist wichtiger als das Befolgen eines Plans."

Schaffen Sie ein sicheres Arbeitsumfeld, in dem Mitarbeiter sich selbst und ihre Arbeitsweise weiterentwickeln können

Die Wahrheit kann man am besten akzeptieren, wenn man das Gefühl der Sicherheit hat. Teams brauchen daher einen sogenannten „Safe Space", in dem sie lernen und auch scheitern können.

Ohne das Lernen im geschützten Raum können in einem komplexen Umfeld die gesetzten Ziele nur schwer erreicht werden.

Die gute Nachricht: Auf der Ebene eines Scrum-Teams kann in der Regel eine einzelne Führungskraft diesen Safe Space erzeugen und aufrechterhalten. Die schlechte Nachricht: Agile Transformationen sind derart komplex, dass selbst eine heldenhafte Führungskraft an oberster Stelle diesen Safe Space nicht für die gesamte Organisation aufrechterhalten kann. Eine unbedachte Handlung oder Wortmeldung einer Führungskraft im System kann das Gefühl von Sicherheit schnell vernichten. Es ist das empfindliche Asset einer lernenden Organisation.

Unsere Empfehlung

Handwerk skaliert – Sicherheit nicht. Die Mechanismen von Scrum & Co auf die gesamte Organisation zu übertragen, ist bei einer Transformation nicht die große Herausforderung.

Mit etwas Erfahrung und Wissen finden sich für jedes Team die passenden agilen Methoden und Techniken, ebenso für die Koordination mehrerer Teams – doch ein agiles Mindset entsteht dadurch nicht zwangsläufig. Sehen Sie Ihre Aufgabe darin, durch einen organisationsweiten Safe Space den geschützten Rahmen für eine lernende Organisation zu schaffen.

Graben Sie in der Organisation nach Ideen und Engagement

Ein Unternehmen kann bzw. sollte nicht alle Aufgaben der Transformation an externe Berater delegieren, denn diese kennen die Organisation und deren Mitarbeiter nur oberflächlich. Sie können die Fähigkeiten und das Wissen der Organisation über ihre Märkte und Technologien von außen nicht ausreichend einschätzen und stellen deshalb oft Lösungsansätze vor, die nicht zur Organisation und ihren Fähigkeiten passen.

Die Organisation selbst hat die Aufgabe, einen Safe Space zu erzeugen, die angemessenen agilen Praktiken auszuwählen und deren Anwendung zu konkretisieren.

Legt man den Fokus auf die Ressourcen der Organisation und ihrer Mitarbeiter und nimmt man die Mitarbeiter als Experten für ihr eigenes Problem wahr, lassen sich Lösungen finden, die sich selbst tragen. Auch Steve de Shazer (2008) greift diese Grundhaltung in seinem lösungsfokussierten Ansatz auf. Er hat erkannt, dass Menschen viel eher die Verantwortung für die Lösung eines Problems übernehmen, wenn sie als alleinige Experten für dieses Anliegen wahrgenommen werden. Insbesondere in komplexen

Situationen und Systemen ist es nicht hilfreich, alles umfangreich zu analysieren. De Shazer legt den Arbeitsauftrag darauf, den Experten dabei zu unterstützen, seine eigenen Ressourcen und Kompetenzen wahrzunehmen und in kleinen Schritten mehr von dem zu tun, was gut funktioniert. Hierdurch entstehen jene Lösungen und Ideen, die akzeptiert werden und sich von selbst erhalten. Werden Lösungen hingegen über die Köpfe der Mitarbeiter hinweg ausgerollt, werden die eigenen Ideen gar nicht erst erwähnt und Widerstand ist wahrscheinlich.

Unsere Empfehlung

In Organisationen gibt es immer Engagement für die Veränderung und gute Ideen für die Umsetzung – Sie müssen dieses Engagement nur erkennen! Informelle Leader mit Herzblut und Wissen für die Veränderung gehen leider oft in der Hierarchie unter. OpenSpace Agility holt durch Freiwilligkeit und definierte Experimente im festen Zeitrahmen von 100 Tagen die Widerständler an Bord. Führungskräfte und Coaches sehen die Mitarbeiter als Experten des Systems an und unterstützen sie dabei, ihre eigenen Lösungsideen, Ressourcen und Kompetenzen umzusetzen. Diese Experimente unterstützen etablierte Ansätze der Organisationsentwicklung wie zum Beispiel die fünfte Disziplin der Lernenden Organisation nach Senge (1996).

Laden Sie die Mitarbeiter dazu ein, die Geschichte selbst zu schreiben

Wie können Sie die vorhandenen, aber bisher unbekannten organisationsinternen Treiber der agilen Transformation entdecken und ermächtigen? Laden Sie alle Mitarbeiter dazu ein, die Veränderung selbst zu gestalten und dadurch ihre eigene Geschichte zu schreiben, statt ein fertiges Buch vorgelegt zu bekommen.

Bei einer echten Einladung kann jeder für sich selbst überlegen, ob er die Einladung annimmt oder ausschlägt.

Der Eingeladene bekommt vom Einladenden die Macht übertragen, selbst über seine Teilnahme zu entscheiden. Wer sich selbst für etwas entschieden hat, identifiziert sich mit dem Thema und engagiert sich. Es handelt sich dabei um ein freiwilliges Arbeitsengagement, das nicht explizit in den Rollenspezifikationen der Mitarbeiter erfasst wird und effektiv zum Funktionieren der Organisation beiträgt (Katz 1964).

Einladungsbasierte Konzepte nutzen die gleichen Prinzipien wie Spiele, um Engagement und Kreativität zu fördern. Spiele haben nach McGonigal (2012)

1. ein Ziel,
2. Regeln,
3. ein System für Feedback und
4. die Teilnahme ist freiwillig.

Auch das agile Rahmenwerk Scrum ist wie ein Spiel aufgebaut.

1. Das Ziel ist ein fertiges Produktinkrement.
2. Die Regeln finden sich im Scrum-Guide.
3. Feedback entsteht durch Metriken wie die Velocity.
4. Die Mitglieder eines Scrum-Teams machen freiwillig mit.

Scrum macht nicht die Wirklichkeit zu einem Spiel, denn innovative Produkte zu entwickeln ist kein Spiel. Vielmehr wird über die Wirklichkeit eine spielerische Schicht gelegt – dadurch macht der Entwicklungsprozess Spaß und das wiederum fördert das Engagement des Teams. Vorausgesetzt, niemand wurde zur Arbeit mit Scrum gezwungen.

Unsere Empfehlung

Die Verwendung spieltypischer Elemente in einem spielfremden Kontext wird auch als „Gamification" bezeichnet (Deterding, Khaled, Nacke, & Dixon 2011). Durch die spielerischen Elemente sind die Teilnehmer stärker motiviert, lernen schneller und effektiver, binden sich stärker an das Produkt oder Event und arbeiten qualitativ hochwertiger (McGonigal 2012). Die Attribute, die ein gutes Spiel ausmachen, werden als „Game Mechanics" bezeichnet. Dieser Ansatz eignet sich vor allem bei als monoton empfundenen oder zu komplexen Aufgaben – und Letzteres ist bei agilen Transformationen der Fall.

Open Space Technology

Open Space Technology (OST), umgangssprachlich auch als „Open Space" bezeichnet, ist ein mächtiges Werkzeug für die Kulturveränderung in Organisationen. Vielleicht kennen Sie dieses Format von Konferenzen, wo es oft für den Informationsaustausch genutzt wird. Seine eigentliche Kraft entfaltet OST jedoch erst, wenn Sie es fokussiert innerhalb einer Organisation einsetzen.

Nach Owen (2011) basiert OST auf der freiwilligen Teilnahme: Die Mitglieder der Organisation werden zum Open Space eingeladen. Auch während des Events können die Teilnehmer frei entscheiden, ob und wie sie sich an den verschiedenen Diskussionen beteiligen. OST überlässt auch die Agenda den Anwesenden. Die Zielsetzung, das „Thema", wird vom Sponsor des Events vorgegeben. Der Sponsor ist eine ranghohe Führungskraft im Unternehmen, die mit der Veränderung beginnen will, zum Beispiel der Geschäftsführer oder Bereichsleiter. Diese Beteiligung zeigt den Mitarbeitern, dass sie genügend Macht von oben erhalten, um in diesem Rahmen wirklich etwas verändern zu können.

Ein Open Space Event besteht aus drei Phasen, die sich mit Konvergenz, Divergenz und Konvergenz beschreiben lassen: Stuhlkreis, parallele Diskussionsrunden, erneuter Stuhlkreis.

Phase 1: Start im Stuhlkreis

Ein Open Space Event wird durch den Sponsor eröffnet. Dieser begrüßt die Teilnehmer, die sich in einem oder mehreren Stuhlkreisen um ihn angeordnet haben (Abbildung 1). Dadurch wird für alle die Relevanz der Zusammenkunft offensichtlich. Der Sponsor übergibt das Wort nach einer kurzen Einführung an den Moderator, der zunächst die Prinzipien und Regeln für den eigentlichen Open Space erklärt. Die Prinzipien sind:

- Wer auch immer kommt, es sind die richtigen Leute.
- Was auch immer geschieht, es ist das Einzige, was geschehen konnte.

- Es beginnt, wenn die Zeit reif ist.
- Vorbei ist vorbei. Nicht vorbei ist nicht vorbei.

Zusätzlich zu diesen Prinzipien gibt es das „Gesetz der beiden Füße“: Wenn ein Teilnehmer der Meinung ist, bei einer Diskussion nichts mehr lernen und nichts mehr dazu beitragen zu können, ist er angehalten, zu einer anderen Diskussionsrunde zu wechseln. OST basiert auf Freiwilligkeit, daher ist ständiges Wechseln und Beobachten ebenso in Ordnung, wie sich aus allem herauszuhalten.

Nachdem der Moderator den Rahmen für die Diskussionsrunden gesetzt hat, erklärt er, wie die Teilnehmer vorgehen sollten, um die Agenda für die Veranstaltung zu erstellen. Direkt danach zieht er sich zurück: Das Event gehört jetzt den Teilnehmern. Die Macht über das, was nun geschieht wurde also vom Sponsor an den Moderator übergeben und von diesem an die Teilnehmer. Das ist ein wichtiges Ritual, das von den Anwesenden unbewusst wahrgenommen und bewertet wird.

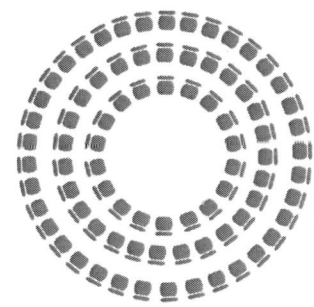

Abbildung 1: Schemadarstellung der Stuhlkreise

Phase 2: Arbeit in den Diskussionsrunden

In dem jetzt entstandenen Freiraum diskutieren die Teilnehmer in mehreren Sitzungen an mehreren Stationen die von ihnen vorgeschlagenen Themen. Dabei folgen sie den beschriebenen Prinzipien und der wichtigsten Regel des Open Space: Die Teilnehmer entscheiden selbst, an welcher Diskussionsrunde sie teilnehmen. Können sie keinen Beitrag mehr leisten oder nichts mehr dazulernen, werden sie zu einer anderen Diskussion wechseln oder sich ans Buffet zurückziehen. Lediglich jene Personen, die eine Diskussionsrunde angeboten haben, bleiben an ihrer Station. Erscheinen bei einer Runde keine weiteren Teilnehmer, sollte der Anbieter der Runde das nicht als negativ werten. Die Grundannahme lautet in diesem Fall: Sein Beitrag war wertvoll, es ist nur nicht die richtige Zeit dafür. Entweder wird er nun selbst zum Teilnehmer bei anderen Diskussionsrunden, oder er notiert für sich seine Gedanken und veranstaltet also eine Ein-Personen-Diskussionsrunde. Noch während dieser Phase erstellen die Teilnehmer selbstorganisiert eine Dokumentation der Diskussion, inklusive Handlungsempfehlungen an den Sponsor – die sogenannten „Proceedings“.

Phase 3: Abschluss im Stuhlkreis

Abschließend finden sich wieder alle in einem Stuhlkreis ein und tauschen ihre Gedanken über die Veranstaltung aus. Spätestens am nächsten Tag werden die Proceedings dem Sponsor übergeben. Soweit es in seiner Macht liegt und strategisch sinnvoll ist, wird er die Empfehlungen zeitnah und transparent umsetzen, um den Teilnehmern damit seine Wertschätzung für Ihre Mitarbeit auszudrücken.

Prime/OS

Ein Open Space Event kann nur den Auftakt zu einer Kulturveränderung liefern. Um mit diesem Ansatz Kulturen nachhaltig zu verändern, ist ein übergreifendes Konzept nötig, das auf OST aufbaut. Eine Möglichkeit liefert der Ansatz „Prime/OS" von Daniel Mezick, das auch die Basis für Open Space Agility ist. Prime/OS verbindet bestehende Ansätze wie Game Mechanics, Storytelling, Übergangsriten und OST, um Engagement für die angestrebte Veränderung zu schaffen und dieser einen Rahmen zu geben. Durch diesen Rahmen stellt Prime/OS einen Übergangsritus für die Veränderung von einem Zustand in den nächsten zur Verfügung. Der Übergang beginnt mit einem Open Space Event und endet mit einem zweiten. Dazwischen liegt der Übergang, eine Phase des Experimentierens mit Aspekten der angestrebten Kultur. Prime/OS ist – ebenso wie OST – einladungsbasiert und setzt darauf, dass die in die Veränderung involvierten Personen freiwillig teilnehmen. Mehr noch: Prime/OS ist sozusagen ein auf mehrere Monate skaliertes Open Space Event, das den drei Phasen von Konvergenz-Divergenz-Konvergenz entspricht:

1. Konvergenz: Alle Beteiligten treffen sich zu einem Open Space.
2. Divergenz: Verschiedene parallele Experimente in der Organisation prüfen den Umgang mit der Veränderung und regen das Lernen in der Organisation an.
3. Konvergenz: Beim zweiten Open Space kommen wieder alle zusammen und reflektieren, was sie in der Experimentierphase gelernt haben.

In der Regel dauert dieser erste Übergang drei bis sechs Monate – danach befindet sich die Organisation bereits auf einer neuen Ebene. Entweder in einem festen Takt oder bei Bedarf finden ab diesem Zeitpunkt weitere Open Space Events statt, um die Veränderung weiter zu gestalten und zu stabilisieren. Während des ganzen Prozesses ist immer ein Open Space Event der Abschluss eines Lernkapitels und gleichzeitig der Start eines neuen.

Prime/OS ist unter der Creative Commons Lizenz verfügbar und liefert einen konzeptuellen Rahmen für Veränderungsprozesse. Open-Space Agility baut auf Prime/OS auf und definiert detailliert Tätigkeiten und Rollen für Kulturveränderungen, ausgerichtet auf die Umsetzung agiler Entwicklungs- und Managementmethoden.

OpenSpace Agility

Als Engagement Model nutzt OSA verschiedene bewährte Konzepte, durch deren Kombination sich Mitarbeiter aktiv in die Transformation einbringen können (Abbildung 2). Dadurch entsteht für den Veränderungsprozess eine ungeahnte Energie, die aus einem Aufbruch eine nachhaltige Veränderung werden lässt. Kernelement von OpenSpace Agility ist das Change-Werkzeug der Open Space Technologie (Mezick 2013).

Wie bei der Open Space Technologie ist der Sponsor der Dreh- und Angelpunkt bei OpenSpace Agility: Eine ranghohe Führungskraft stößt die Transformation an und unterstützt sie fortlaufend. Dazu lädt die Führungskraft die Mitarbeiter der gesamten zu transformierenden Organisation im wahrsten Sinne des Wortes ein: mit einer schriftlichen Einladung zu einem Open Space Event.

Der Sponsor gibt das Thema dieses ersten Open Space Events vor. Je nach Status und Bedürfnis der Organisation könnte das Thema zum Beispiel lauten: „Wie können uns agile Arbeitsweisen unterstützen?", „Wie werden wir alle agil?" oder „Wie können wir unsere Produkte mit unseren Kunden agil entwickeln?" Aus dem ersten Open Space ergibt sich die weitere Vorgehensweise – oder aber die Erkenntnis, dass die Organisation aktuell nicht fähig oder willens ist, diesen Weg zu beschreiten. Ein Grund dafür kann sein, dass auf der aktuellen Entwicklungsstufe der Organisation nicht jene Fähigkeiten und Werte vorhanden sind, die mit dem Engagement Model OSA zusammenpas-

sen. Gleichzeitig deutet das darauf hin, dass Scrum und agiles Management im Allgemeinen wahrscheinlich ebenfalls keinen Anklang finden werden, da sie dieselben Fähigkeiten und Werte erfordern (vgl. Spiral Dynamics, Beck & Cowan 2007).

Die Vorbereitung: Wappnen Sie sich für die Transformation

Eine Transformation ist eine ernste, anstrengende und hoch emotionale Angelegenheit. Schließlich hängt mitunter das Überleben der Organisation davon ab, ob die Transformation gelingt oder nicht. Gerade deshalb ist es essentiell, die Führungskräfte intensiv auf ihre Aufgabe im Rahmen der Transformation vorzubereiten (Abbildung 3). Sie sind dafür zuständig, den Mitarbeitern in der Zeit des Wandels Stabilität und Richtung zu bieten. Sie weisen immer wieder auf den Sinn und die Ziele der Transformation hin. Daher sollten die beteiligten Führungskräfte zu den wichtigen Hintergründen von Change-Prozessen, Teamdynamiken, Widerständen und Problemen bei Organisationsentwicklungen geschult werden.

Tun Sie, was andere tun sollen

Damit Ihre Führungskräfte die Wirkweise von OpenSpace Agility besser begreifen können, müssen Sie sie vorab umfangreich über die Hintergründe und Transformationsschritte informieren. Motivieren Sie sie zum Beispiel, selbst ein einladungsbasiertes Meeting zu gestalten oder führen Sie mit ihnen ein kleines Open

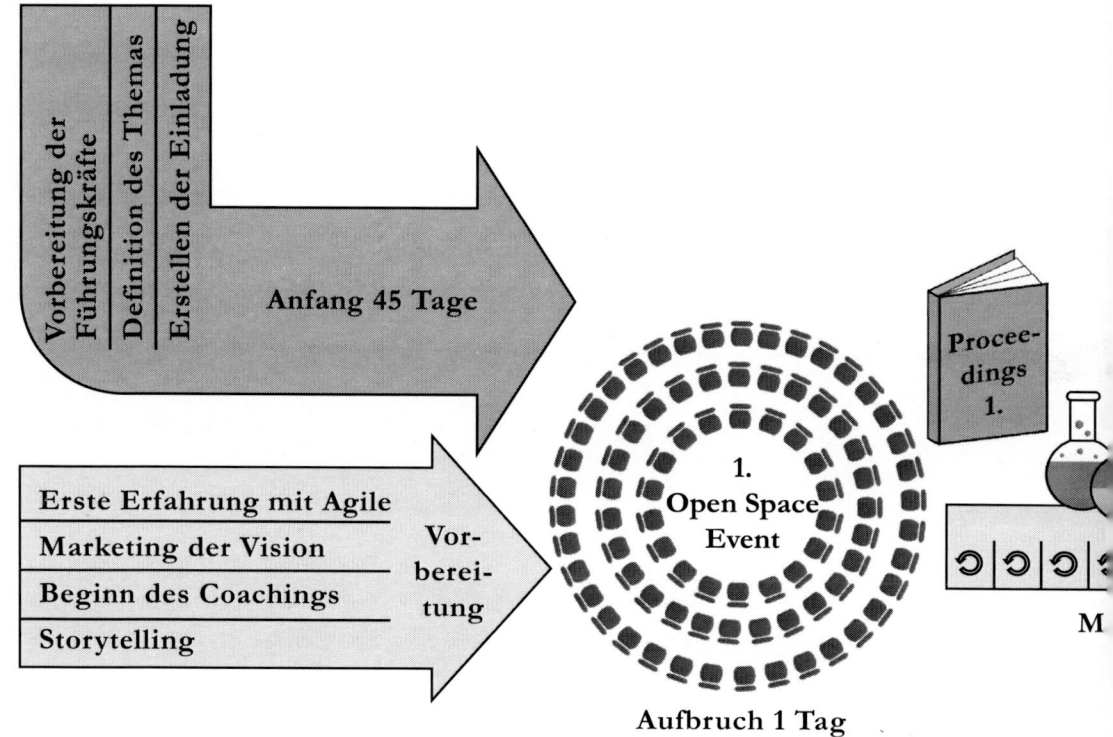

Vorbereitung der Führungskräfte

Definition des Themas

Erstellen der Einladung

Anfang 45 Tage

Erste Erfahrung mit Agile

Marketing der Vision

Beginn des Coachings

Storytelling

Vor-
berei-
tung

1.
Open Space
Event

Procee-
dings
1.

M

Aufbruch 1 Tag

Abbildung 2: Verei

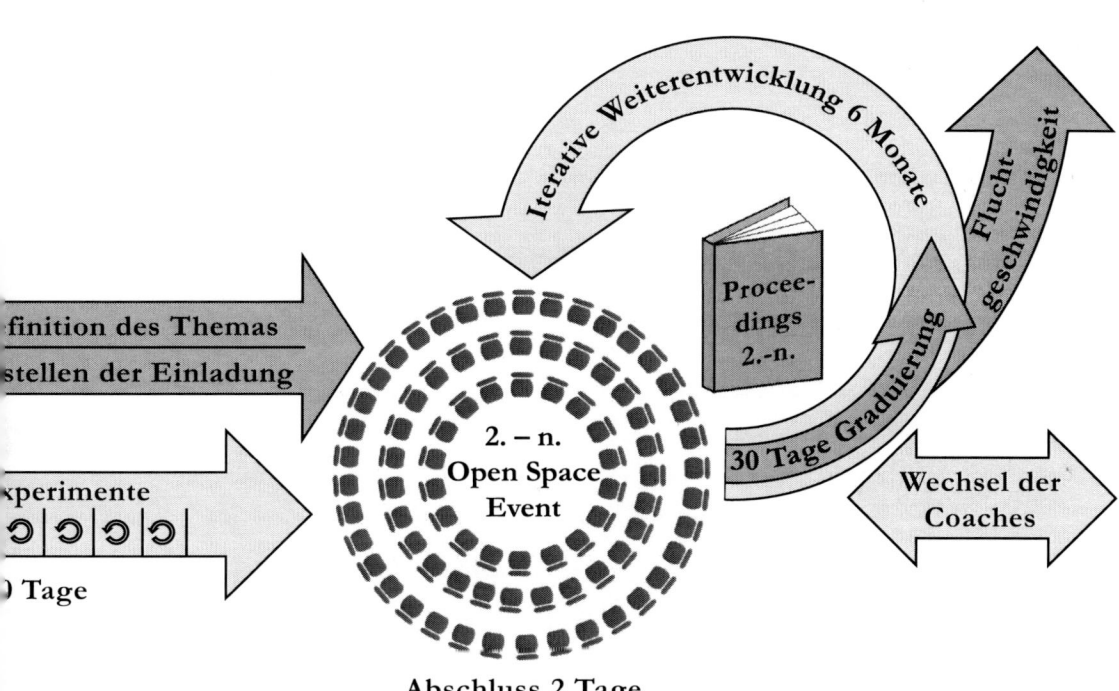

finition des Themas
stellen der Einladung

xperimente

Tage

Iterative Weiterentwicklung 6 Monate

Flucht-geschwindigkeit

Proceedings
2.-n.

2. – n.
Open Space
Event

30 Tage Graduierung

Wechsel der
Coaches

Abschluss 2 Tage

rstellung OpenSpace Agility

Space Event durch, falls sie mit der Methodik noch nicht vertraut sind. So erfahren Ihre Führungskräfte vorab selbst, wie einladungsbasierte Formate und Open Space funktionieren und vor allem, dass es funktioniert.

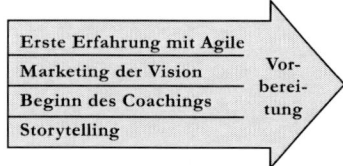

Abbildung 3: Vorbereitung von OSA

Erzählen Sie Geschichten

Geschichten sind leichter verständlich, einprägsamer und identitätsstiftender als das bloße Vorbeten von Fakten. Sponsoren und das Topmanagement sollten in der Vorbereitungsphase daher die Kraft des Storytellings nutzen – so können Ihre Mitarbeiter die Bedeutung dieser Transformation besser einschätzen (Denning 2011). Mit kleinen Geschichten über das eigene oder andere Unternehmen wird klarer, welche Herausforderung in der Organisation und am Markt gelöst werden müssen und auf welchen Traditionen und Werten das Unternehmen dabei aufbaut. Sie wecken dadurch die Ressourcen der Mitarbeiter und schaffen Verständnis für mögliche Konflikte. Flurfunk und Kaffeeküchengespräche sorgen für Stimmung und Aufmerksamkeit für das Thema. In dieser Phase der Vorbereitung müssen die Führungskräfte und Coaches für die Mitarbeiter jederzeit ansprechbar sein und ihre Fragen beantworten. Immer wieder unterstreichen sie dabei, dass es sich um eine Veranstaltung handelt, in der die Mitarbeiter ihre eigene Zukunft im Unternehmen gestalten können.

Achtung: Storytelling besteht nicht nur aus dem Wiedergeben von Geschichten, sondern auch aus vorbildhaftem, authentischem Handeln. Mitarbeiter identifizieren die Inkonsistenzen zwischen den Geschichten der Führungskräfte und deren Verhalten schnell als Marketingaktionen. Und dann passiert genau das Gegenteil von dem, was passieren soll: Die Mitarbeiter wenden sich von den Herausforderungen und den Führungskräften ab. Wenn Sie gemeinsam vorankommen wollen – mit der Führungskraft als Leader – muss das Storytelling authentisch sein.

Die Rolle der Führungskraft ändert sich also schon in der Vorbereitung der Transformation: Sie entwickelt sich weg vom Manager, der Anordnungen erteilt, hin zum Leader, der als Vorbild vorangeht und den Rahmen für Arbeit und Veränderung zur Verfügung gestellt. Jeff Luke (1998) bezeichnet das als „katalytische Führung": Die Führungskraft wirkt als Katalysator für Problemlösung und Veränderung.

Wählen Sie weise

An dieser Stelle noch zwei Hinweise für die praktische Umsetzung:

1. **Gehen Sie so wenige Veränderungen wie möglich gleichzeitig an**. Um in der Veränderung den Fokus aufrecht zu erhalten, müssen Sie entscheiden, welchen Bereich in Ihrer Organisation und

welche Themen Sie angehen wollen. Wenn es mehrere Themen gibt, finden Sie vielleicht einen gemeinsamen großen Nenner, der das wichtigste strategische Unternehmensziel widerspiegelt. Die Unterthemen können Sie dann als mögliche Lösungswege zur Zielerreichung in Diskussion geben.

2. **Es ist sinnvoll, wenn Ihre Organisation bereits Erfahrung mit agilen Praktiken gesammelt hat.** Häufig gibt es erste agile Pilotprojekte, die von motivierten Mitarbeitern in der Organisation angestoßen wurden. Diese Erfahrungen sind wichtig, um im Veränderungsprozess halbwegs belastbare Entscheidungen treffen zu können. Bieten Sie den Mitarbeitern vorab diverse Schulungen zu agilen Methoden an, um die Aufmerksamkeit für diese Handlungs-, Denk- und Arbeitsweisen zu heben und eine gute Gesprächsbasis für die Open Spaces zu schaffen.

Der Anfang: Laden Sie alle ein

Zu Beginn werden Sie alle Mitarbeiter einladen, die von der Transformation betroffen sein könnten. In großen Organisationen kann es sich dabei schon mal um mehrere Tausend Mitarbeiter handeln. Die dezidierte Einladung hat einen Grund: Sie signalisiert, dass die Mitarbeiter als die wichtigsten Träger der Veränderung gesehen werden – dennoch können sie aufgrund der Einladung selbst entscheiden, ob und in welchem Ausmaß sie aktiv mitgestalten wollen oder

nicht. Falls Sie sich Sorgen wegen einer geeigneten Location machen: Seien Sie beruhigt, es werden nicht alle Mitarbeiter zum Open Space Event erscheinen.

Form und Inhalt der Einladung für eine große Gruppe von Menschen sind essentiell für den erfolgreichen Start einer einladungsbasierten Transformation. OSA sieht in diesem Zusammenhang drei wichtige Elemente vor (Abbildung 4):

- die Vorbereitung der Führungskräfte,
- die Definition des Themas für den ersten Open Space und
- das Erstellen der Einladung.

Vorbereitung der Führungskräfte

Im Kapitel „Herausforderungen bei der Transformation von Organisationen" wurden bereits die Herausforderungen an die Führungskräfte dargestellt. Um diese Herausforderungen meistern zu können, müssen die Führungskräfte vor Beginn der Transformation vorbereitet und geschult werden. Darüber hinaus wird das Engagement Model von OSA noch einmal im Kontext ihrer Organisation genauer besprochen. Dazu gehört auch, das Verständnis für Einladungen und Freiwilligkeit weiter zu schärfen (siehe Kapitel „Prinzipien & Modelle der OpenSpace Agility").

Definition des Themas für den ersten Open Space

Zugleich arbeitet der Sponsor der OpenSpace Agility, eventuell mit einer kleinen Abordnung von Führungskräften, das Thema für den ersten

Open Space aus. Im Freiraum des Open Space zeigt das Thema die Richtung und die Leitplanken. Sie sollten das Thema möglichst offen gestalten, dennoch sollte die Richtung erkennbar sein und neugierig auf das Kommende machen, etwa durch Fragen wie: „Wie können wir in unserem Umfeld agile Arbeitsweisen erfolgreich einsetzen?", „Wie gelingt es uns, Agilität in der gesamten Organisation zu etablieren?", „Wie können wir unsere bereits begonnene Veränderung in die Agilität wiederbeleben?".

Um das Thema zu definieren, sollte der Sponsor also noch einmal konkret reflektieren, in welchem Kontext das Thema zur Unternehmensstrategie oder zu aktuellen Herausforderungen am Markt oder in der Organisation steht. Unsere Erfahrung ist: Agil zu werden ist meist nicht das oberste Ziel, sondern nur Mittel zum Zweck. Die meisten Organisation wollen schlicht und einfach schneller werden. Das ist jedoch nicht das Ziel agiler Arbeitsweisen, die bei dynamischen Anforderungen und unbekannten Technologien mehr Flexiblität versprechen. Erhöhter Durchsatz ist aber ein erwünschter Seiteneffekt, der diese Ziele bedienen kann.

Das Erstellen der Einladung

Sobald der Sponsor das Thema definiert hat, macht er sich daran, die Einladung zu erstellen und zu versenden. Wie beschrieben, muss abgewogen werden, wie konkret die Einladung sein soll. Gibt die Einladung zu viele Themen oder gar Lösungen vor, verlieren Sie das Engagement der Mitarbeiter. Bleiben Sie in der Einladung zu vage, erregen Sie unter Umständen

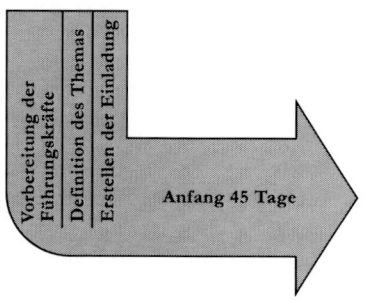

Abbildung 4: Anfang von OSA

nicht die notwendige Neugier, die Menschen in der Organisation in Bewegung bringt. Aus psychologischer Sicht geht es allerdings nicht um Neugier: Die Teilnahme an der Transformation soll eines oder mehrere Bedürfnisse der Beteiligten erfüllen. So wie das Verharren im Ursprungszustand bei vielen Menschen deren Bedürfnisse befriedigt, kann eine gute Einladung zur Veränderung eben diese Bedürfnisse nutzen, um Menschen zu mobilisieren. Diese Denkweise aus der Verhaltenstherapie macht sich vier grundlegende Bedürfnisse von Menschen zunutze, ohne dabei manipulativ zu sein (Grawe 2000):

- Zugehörigkeit und Bindung
- Kontrolle nach innen und außen
- Erhöhung des Selbstwerts
- Lustgewinn und Vermeiden von Unlust

Eine einladungsbasierte Veränderung bedient alle diese Bedürfnisse auf verschiedene Art und Weise. Achten Sie bei der Formulierung der Einladung daher darauf, dass implizit eine Verbindung zwischen diesen Bedürfnissen und der

Teilnahme am ersten Opens Space Event hergestellt wird.

Der Sponsor verschickt die Einladung an alle potentiell Beteiligten. Übrigens: Auch wenn die Einladung an mehrere Tausend Personen geht, melden sich in der Regel nur ca. 30-500 Personen für den ersten Open Space an.

Tipp: Versenden Sie die Einladung nicht nur per E-Mail! Drucken Sie Flyer und Poster und verteilen Sie diese in der Organisation. Wenn Sie diese Werbemaßnahmen mit einer gewissen Vorlaufzeit setzen, wird über die Einladung gesprochen und eine „soziale Energie" für die Veranstaltung entsteht.

Der Aufbruch: Das erste Open Space Event

Jetzt beginnt eine spannende Zeit. Das erste Open Space Event findet statt (Abbildung 5). Wie viele werden sich zu diesem Event anmelden? Was wird in der Organisation diskutiert? Wer meldet sich letztendlich an? Auch diese Phase wird von den Führungskräften mit Storytelling unterstützt. Sie erzählen Geschichten aus dem eigenen Unternehmen, die eine Brücke von der Vergangenheit über die Gegenwart in die Zukunft schlagen und so Motivation und Sicherheit vermitteln (Edwards 2017). Solche Geschichten können zum Beispiel von erfolgreichen Musterbrüchen in der Organisationskultur handeln oder vom Markt und vom Wettbewerb, um die Notwendigkeit der Veränderung hervorzuheben. Egal, wovon die Geschichten handeln und egal, ob sie aus der eigenen Organisation stammen, von einer anderen, oder gut erfunden

Aufbruch 1 Tag

Abbildung 5: Erstes Open Space Event

sind: Auf jeden Fall müssen das Handeln der Führungskräfte und die Geschichten kongruent sein.

Die Richtigen zur richtigen Zeit

Jene Mitarbeiter, die zum ersten Open Space erscheinen, sind genau die richtigen, wichtigen, hoch engagierten Mitarbeiter. Auch bei diesem Open Space Event entsteht die Agenda erst zu Beginn durch die Teilnehmer selbst: Sie bieten einzelne Diskussions-Sessions an, die Antworten auf das gegebene Thema liefern sollen, das den Rahmen für den Open Space bildet.

Damit überhaupt Diskussionen auf dem gewünschten Niveau zustande kommen können und keine Unsicherheit oder Frustration entsteht, sollte das Open Space Event von mehreren Beratern, Coaches und Experten begleitet werden, auch wenn die Beteiligten die Grundlagen schon kennen. Externe Experten können aus ihrem Erfahrungsschatz Fragen beantworten und bei der Lösungssuche unterstützen.

Die Experimentierphase vorbereiten

Für die 100-tägige Experimentierphase, die nach dem ersten Open Space startet, werden im ersten Open Space die Maßnahmen und Vorschläge ausgewählt.

Dabei ist es egal, welche Methode, welches Rahmenwerk oder welche Tools genutzt werden sollen. Das „Wie" wird bewusst den Mitarbeitern überlassen. Scrum, Kanban, Nexus, Extreme Programming, Delegation Board oder das Weglassen von einzelnen Prozessen, Prozessschritten oder Regelungen – alles ist möglich, soweit es durch die Werte und Prinzipien des agilen Manifests gedeckt ist. Der erste Open Space befördert die ersten wichtigen und guten Ideen für eine organisationsweite Umsetzung an die Oberfläche. Sie werden außerdem beobachten können, wie die informellen Leader sichtbar werden, die aus Überzeugung ein wesentlicher Bestandteil der Transformation sein wollen. Die informellen Leader veranstalten die Diskussionsrunden im Open Space und melden sich gegebenenfalls als Koordinatoren für die Experimente in der 100-tägigen Experimentierphase. Zusätzlich werden politische Bewegungen, sich selbst ausgrenzende und der Diskussion entziehende Experten und Widerständler sichtbar.

Erste Änderungen umsetzen

Das Ergebnis des Events sind die Proceedings, eine Dokumentation der Workshops mit einer Vorschlagsliste für erste Änderungen in der Organisation. Grundlage für die Proceedings sind zum Beispiel fotografierte Flipcharts aus den Diskussionsrunden und eine kurze Zusammenfassung, die von den Teilnehmern noch am selben Tag geschrieben wird. So wird sichergestellt, dass sämtliche Inhalte noch präsent sind, wenn sie am nächsten Tag an alle Mitarbeiter der Organisation und an den Sponsor versendet werden.

Der Sponsor wird daraufhin innerhalb weniger Tage die aus dem Open Space generierten Vorschläge und Empfehlungen umsetzen, soweit sie in seinem Entscheidungsrahmen liegen und ihm zusagen. Der Sponsor hat demnach die Entscheidungshoheit: Er kann Empfehlungen, die aus der demokratischen Konzeptfindung des Open Space kommen, auch ablehnen. Dies ist zum Beispiel dann der Fall, wenn sie das Unternehmen gefährden würden, nicht zum Thema „agile Transformation" passen oder sich dazu keine Experimente innerhalb von 100 Tagen durchführen lassen – zum Beispiel große Umstrukturierungen in der Unternehmenshierarchie.

Für die Umsetzung der Proceedings gilt folgender Anhaltspunkt: Die wesentlichen und machbaren Maßnahmen sollten innerhalb von drei Tagen vom Sponsor initiiert werden.

Transparenz ist Trumpf

Es ist wichtig, dass der Sponsor bei allen Empfehlungen aus den Proceedings transparent macht, was damit geschieht. Vorschläge, die im Einflussbereich des Sponsors liegen, wird er zeitnah umsetzen. Damit sendet er ein wichtiges Zeichen an alle Menschen in der Organisation: „Mir ist es ernst mit dieser Einladung und ich schätze das in der Organisation vorhandene Wissen." Empfehlungen, die außerhalb des Einflussbereiches des Sponsors liegen, wird er an übergeordnete Führungskräfte weitergeben und auch diesen Schritt an die Mitarbeiter zurückmelden. Stehen die Vorschläge hingegen im Konflikt zur aktuellen Strategie oder sprechen andere wichtige Aspekte gegen deren sofortige Umsetzung, lehnt der Sponsor die Vorschläge ab und begründet dies gegenüber den Mitarbeitern. So verfährt er auch, wenn Vorschläge generiert wurden, die nichts mit der agilen Transformation zu tun haben.

Wichtig: Die Führungskräfte treffen weiterhin die Entscheidungen. Open Space ist keine Demokratisierung von Entscheidungen, sondern lediglich eine demokratische Art, an wichtige und valide Vorschläge und Konzepte für Veränderungen im Unternehmen zu kommen (vgl. konsultativer Einzelentscheid).

Und wenn niemand kommt?

Führungskräfte stellen oft die Frage: „Was passiert, wenn niemand zum ersten Open Space kommt?" Genau diese Transparenz ist erwünscht! Sollte niemand erscheinen, ist das ein Zeichen dafür, dass sich die Organisation nicht transformieren kann oder will. Auch wenn zu wenige Mitarbeiter mitmachen wollen, würde die Transformation nicht glücken. Widerstehen Sie in diesem Fall der Versuchung, die Transformation mit dem Push-Ansatz zu erzwingen – es wäre zum Scheitern verurteilt. Die fehlende Bereitschaft der Organisation schon an diesem Punkt zu erkennen, ist zwar unangenehm, aber

es ist immer noch besser, als zwei oder drei Jahre und viel Geld in ein aussichtsloses Unterfangen zu investieren.

Die Mitte: Entdecken Sie selbst, was für Sie nützlich ist

Nach dem ersten Open Space Event beginnt eine definierte Phase von 100 Tagen. In dieser Zeit experimentieren die Mitarbeiter, unterstützt von externen Experten, mit agilen Praktiken und Arbeitsweisen (Abbildung 6). Dabei wird zunächst kein Konzept und keine Praktik ausgeschlossen oder bevorzugt, es gelten lediglich die Leitplanken des agilen Manifests. Die Gefahr von Lagerbildungen und fruchtlosen Diskussionen zwischen den Mitarbeitern wird auf diese Weise geringer, weil nicht schon im Vorhinein auf nur ein Pferd – zum Beispiel Scrum – gesetzt wird. Verschiedene agile Ansätze werden in der Experimentierphase gemeinsam ausprobiert und bewertet.

Durch die Erkenntnisse aus den Experimenten kann die Organisation selbst entscheiden,

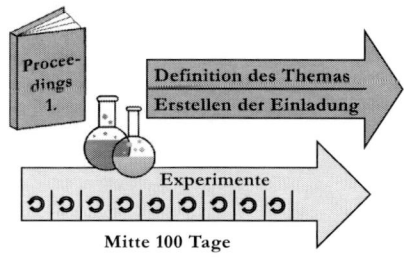

Abbildung 6: Mitte von OSA – Experimente

welcher Ansatz für Organisation, Branche und Produkt am zielführendsten ist, beziehungsweise wie die konkrete Arbeitsweise aussehen wird. Die informellen Leader tragen diese Experimente, während die Führungskräfte die Mitarbeiter bei der Umsetzung unterstützen. Als positiver Nebeneffekt entlastet OSA somit auch die Führungskräfte in der Transformation.

Lernen in echten Projekten

Die Experimentierphase wird nach den Prinzipien des „Action Learnings" von Reginald Revans (1982) durchgeführt. Das heißt, dass Führungskräfte und Mitarbeiter die Experimente im Rahmen ihrer realen Projekte durchführen, reflektieren und handlungsorientiert lernen. Wichtig ist, nicht in Form von Simulationen zu experimentieren, denn die Erkenntnisse aus fiktiven Situationen in die Realität zu übertragen, hätte einen zu geringen Wirkungsgrad für die gesamte Organisation. Die offene Haltung der Beteiligten während der Experimente und die Reaktionen des Systems der Organisation sind ein wesentlicher Inhalt für organisationales Lernen. Natürlich passiert das Lernen im alltäglichen Projektkontext unter der Vorgabe, das Projekt und die Organisation nicht zu gefährden.

Kriterien für die Projektauswahl

In der Experimentierphase werden Sie wahrscheinlich erleben, dass zunächst die Produktivität in den beteiligten Teams einbricht. Lernen braucht Zeit, sowohl für die Experimente selbst als auch für die Evaluierung des Erlebten. Klar

ist: Diese Zeit steht nicht in unendlichem Ausmaß zur Verfügung. Dadurch wird die Anzahl der in Frage kommenden Experimenten bereits auf natürliche Art limitiert.

Da die Projekte nicht gefährdet werden dürfen, besteht die Gefahr, dass unter hohem operativem Druck kein Raum für das Lernen bleibt. Hier kommen wieder der Sponsor und die Führungskräfte ins Spiel: Wenn sie ernsthaft an der Transformation interessiert sind, werden sie diesen Raum schaffen.

Nach Scheller (2017) besteht experimentelles Lernen prinzipiell aus drei Schritten pro Experiment:

1. Zunächst geht es darum, Möglichkeiten für die Veränderung auszuloten.
2. Im nächsten Schritt werden die gefundenen Optionen bewertet: Die Veränderung muss einen Schritt hin zum gewünschten Ziel machen, aber auch von allen Beteiligten getragen werden.
3. Im letzten Schritt wird eine der bewerteten Ideen ausgewählt und das entsprechende Experiment gestartet.

OpenSpace Agility empfiehlt daher auch eine iterative Vorgehensweise in der Experimentierphase. Externe Berater und Coaches unterstützen bei der Auswahl, Durchführung und Bewertung, ohne jedoch initiativ in den Prozess einzugreifen. Sie stehen quasi beobachtend an der Seitenlinie und helfen, wenn sie angesprochen werden.

Die Auswahl, Durchführung und Bewertung der Experimente erfordert eine etablierte Fehler- und Lernkultur. Zu Beginn ist diese Kultur oft noch nicht vorhanden, sie kann in der Experimentierphase aber entstehen. Parallel zur Methodenauswahl experimentiert die Organisation also bereits mit der kulturellen Veränderung.

Was Experimente sind und was sie nicht sind

Verwechseln Sie das selbstorganisierte Durchführen von Experimenten durch die Mitarbeiter nicht mit Anarchie! Das Was und Warum wird durch das Thema des ersten Open Space, durch die klare Kommunikation der Unternehmensstrategie und der Ziele – sowohl durch den Sponsor als auch durch die Führungskräfte – vorgegeben. Was den Mitarbeitern überlassen bleibt, ist jedoch die Ausgestaltung der Experimente – das Wie. Dadurch werden Autonomie und Alignment gestärkt und die Mitarbeiter werden auf das selbstorganisierte Arbeiten vorbereitet. Der freiwillige, einladungsbasierte Ansatz von OSA regt einen Veränderungsprozess an, der das Agile Mindset vom ersten bis zum letzten Schritt vorlebt.

Sehen, wo die Organisation steht

In dieser Phase wird sichtbar, wie reif das gemeinsame Miteinander in der Organisation und in den einzelnen Teams ist. Nicht immer können die Teams direkt mit der Umsetzung der Ergebnisse starten, sie werden eine Weile mit sich selbst und den Problemen ihrer Zusammenarbeit beschäftigt sein. In diesem Zusammenhang wird transparent, ob bekannte und neue informelle Leader die Koordination und Organisation unterstützen können, ob sie vom Team akzeptiert werden und ob sie ihre Motivation und Leistung für das Thema über die Dauer von 100 Tagen aufrechterhalten können. Es wird auch deutlich, wie offen und transparent die Mitarbeiter zusammenarbeiten und ihre Arbeitsweise reflektieren. Insbesondere wenn mit neuen Denk- und Handlungsweisen, neuen Rollen und Identitäten experimentiert werden soll, ist ein begleitendes Coaching wesentlich.

Durch die Selbstorganisation innerhalb von OpenSpace Agility werden auch schnell Lösungen für verschiedene agile Reifegrade in der Organisation gefunden. Ein Beispiel: Während der IT-Bereich schon weit fortgeschritten ist und agile Teams und Führungsstrukturen bereits etabliert hat, ist die Mechatronik-Entwicklung noch klassisch unterwegs und im Bereich Vertrieb hat man noch nie etwas über Agiles Management gehört. Zentral erarbeitete Konzepte sind in solchen Situationen nicht zielführend. OSA lässt zu, dass jeder Bereich für sich selbst festlegt, welchen Weg er gehen kann und will und in welcher Geschwindigkeit er sich verändert (vgl. Pace Layers nach Gray 2012).

Unterstützung der Transformation durch Rituale

Machen Sie sich bewusst, dass sich ihre Organisation während der Transformation in einem Schwebezustand befindet – auch „Liminalität" genannt (Turner 1964). Sie wandelt sich von einem Zustand in einen anderen, und dabei transformiert sich auch die Kultur. Diese wechselnden Zustände kennen wir alle aus unserem eigenen Leben, wenn wir zum Beispiel vom Kind zum Erwachsenen werden oder im Beruf den Arbeitgeber oder den Aufgabenbereich wechseln. Solche Übergänge werden in unserer Gesellschaft meistens von Ritualen und Zeremonien begleitet: Sie geben den Betroffenen ein Gefühl von Sicherheit und Kontrolle, weil das Erlebte dadurch einen klaren Rahmen bekommt.

Unterstützen Sie daher die Experimentierphase durch das Einbinden von spieltypischen Elementen und Ritualen: zum Beispiel durch Fucked-up-Sessions, in denen Geschichten vom Scheitern erzählt werden, durch Erfahrungspunkte für jede mitgeteilte Erfahrungsstory, Auszeichnungen und Zeremonien für erreichte Ergebnisse und vieles mehr. Bei der agilen Transformation bieten die beiden Open Spaces und die 100-tägige Timebox für das Experimentieren einen stabilisierenden Rahmen, im Sinne von: „In 100 Tagen ist alles vorbei."

Behalten Sie auch einen Teil der Rituale bei, die bisher den Arbeitsalltag und die Prozesse strukturiert haben, zum Beispiel bestimmte Meetings. Der vorhersehbare Kontext bietet den Menschen in der Organisation das Gefühl von Ruhe und Sicherheit während der Transformation, denn in dieser Phase entstehen starke Gefühle. Alte Rituale wie zum Beispiel das tägliche gemeinsame Frühstück um 9.00 Uhr, das monatliche Abteilungsmeeting oder der Bowling-Abend bleiben bestehen. Das Beibehalten von manchen Gewohnheiten bietet Halt.

Erzeugen Sie so viel Veränderung und fordern Sie so viel Anpassung wie dringend notwendig – aber so wenig wie möglich.

OSA bietet mit den Open Space Events zusätzliche Rituale: Hier können die Mitarbeiter Widerstände und Ängste zum Ausdruck bringen. Der Versammlungscharakter der Open Space Events, bei denen alle auf Augenhöhe und alle gleichermaßen die Liminalität durchleben, schafft zusätzlich ein Gefühl der Gemeinschaft, ein Wir-Gefühl, auch „Communitas" genannt (Turner 1974).

Die Führungskräfte haben in dieser Phase die Aufgabe, den Mitarbeitern einen sicheren Rahmen zu bieten, damit diese experimentieren können. Sie fokussieren sich darauf, Hindernisse zu beseitigen, wenn Experimente dadurch eingeschränkt oder unmöglich gemacht werden. Zusätzlich nutzen sie das Storytelling, um die Ziele und Werte kontinuierlich in Erinnerung zu rufen und Sicherheit zu bieten.

Der Abschluss: Starten Sie in eine neue Zukunft

Nach dem 100 Tage dauernden Experimentieren findet erneut ein Open Space Event statt (Abbildung 7). Wieder lädt der Sponsor ein und lässt alle Anwesenden die vergangenen Experimente bewerten und über das weitere Vorgehen beraten. Für gewöhnlich erscheinen beim zweiten Open Space weniger Mitarbeiter als beim ersten Open Space, da sie sich beim ersten Open Space noch aus Tradition verpflichtet gefühlt haben, daran teilzunehmen. Das kann, muss aber nicht eintreffen. Es kann auch sein, dass beim zweiten Open Space mehr Teilnehmer hinzukommen. Einige Mitarbeiter könnten sich neu anschließen, weil sie gemerkt

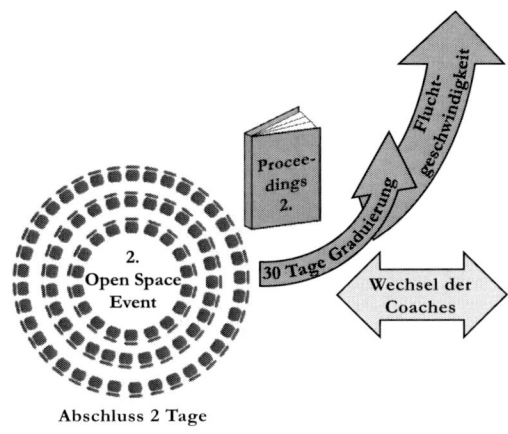

2. Open Space Event

Proceedings 2.

30 Tage Graduierung

Fluchtgeschwindigkeit

Wechsel der Coaches

Abschluss 2 Tage

Abbildung 7: Zweites Open Space Event

haben, was ihnen bisher entgangen ist. Diese möchten nun ebenfalls die Unternehmensgeschichte der Agilen Transformation mitschreiben und aktiv mitwirken.

Eintritt in eine neue Lernphase

Der zweite Open Space beendet das erste Lernkapitel – das Kapitel der intensiven Experimente. Auch bei diesem Open Space entstehen Proceedings, eine Liste an Vorschlägen, die der Sponsor zeitnah umsetzen wird. Mit der hier beschlossenen Vorgehensweise kehrt wieder mehr Stabilität ein und ein neues Lernkapitel beginnt.

Die Mitarbeiter erreichen nach der Experimentierphase nicht sofort eine neue stabile agile Arbeitsweise. Bis sie alle genehmigten Proceedings umgesetzt und ein höheres Niveau an

Agilität erreicht haben, auch Graduierung genannt, dauert es einige Zeit. Die Beteiligten sollten für diesen Übergang einen Zeitraum von ca. 30 Tagen einplanen.

Die Aufbruchsstimmung und die Energie aus dem zweiten Open Space Event sind wichtig, um in die neue Lernphase einzutreten. Eingefahrene Verhaltensweisen zu überwinden, erfordert einen gewissen positiven Schwung. Zum einen ist das zweite Open Space Event also in die Vergangenheit gerichtet: Es stellt die Frage, was funktioniert hat und was nicht. Zum anderen ist es zweifach in die Zukunft gerichtet: fachlich über die Definition des weiteren Vorgehens und energetisch über das Erzeugen der Fluchtgeschwindigkeit.

Noch ein Wort zum Begriff „Fluchtgeschwindigkeit": Psychologen nutzen diesen Begriff häufig, um zu beschreiben, dass jemand genug Energie hat, um die „Flucht aus der Sucht" oder die „Flucht aus der alten Gewohnheit" anzutreten. Dafür benötigt man eine bestimmte innere Spannung, die ausreichend Energie erzeugt, um in eine neue Handlungsweise zu kommen. Das äußert sich nicht immer nur in einer Vorwärtsbewegung. Rückschritte – oder nennen wir sie besser Ehrenrunden – helfen genauso dabei, mehr Spannung aufzubauen. Vergleichen wir es mit der Mechanik eines Aufziehautos: Man muss das Auto erst mehrmals zurückziehen, damit es genug Kraft hat, um einmal quer durch den Raum zu sausen.

Seien Sie sich bewusst: Auch beim Experimentieren mit agilen Praktiken wird es so manche Ehrenrunde geben, die Unwohlsein,

Frustration oder gar Wut verursacht. Aber die Anspannung, die dadurch aufgebaut wird, kann von den Menschen umgelenkt werden. Sie wird zur Kraft, mit der sie aus alten Gewohnheiten ausbrechen.

Mit dem Ende des ersten Kapitels scheiden auch die externen Coaches und Berater aus oder werden durch andere ersetzt. Kündigen Sie dies schon zu Beginn des Prozesses an, damit die Verantwortung für die Transformation von Anfang an in der Organisation und bei den Mitarbeitern bleibt. Sonst besteht die Gefahr, dass die Berater zur personifizierten Veränderung werden und alle Mühen in sich zusammenbrechen, wenn diese Berater nach einigen Monaten oder Jahren das Unternehmen verlassen.

Die Veränderung hat kein Ende: Wecken Sie das Gefühl des regelmäßigen Fortschritts

Auch die Proceedings des zweiten Open Space Events werden vom Sponsor umgesetzt, doch die Phase des offensiven Experimentierens ist beendet. Nach dem zweiten Open Space Event geht es darum, in eine stabilere Phase der Veränderung und in ein neues Kapitel des Lernens einzutreten. Das bedeutet nicht, dass die Veränderung jetzt abgeschlossen ist! Sie wird lediglich langsamer und operativer.

Alle Erkenntnisse aus der Experimentierphase fließen in die neuen Arbeitsweisen ein. Mit der erwähnten Fluchtgeschwindigkeit kann das alte Verhalten verlassen werden. Das Lernen be-

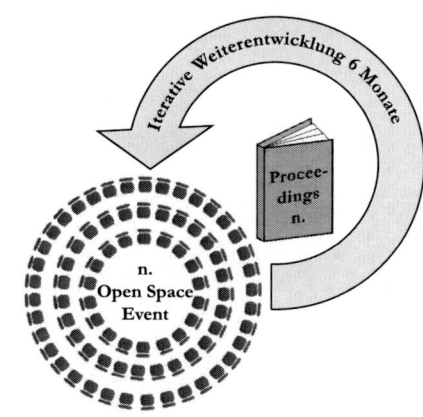

Abbildung 8: Iterative Weiterentwicklung

steht weiterhin aus Planen, Umsetzen und Bewerten. Doch ab jetzt werden Kurskorrekturen im Takt von sechs Monaten – jeweils in zweitägigen Open Space Events – untersucht und beschlossen (Abbildung 8).

Diese Taktung ist nicht nur wichtig, um die Veränderung beziehungsweise das Vorgehen darin regelmäßig anpassen zu können, sondern auch, um das Gefühl dafür zu stärken, was bisher schon erreicht wurde. Bei vielen Transformationen entsteht der Eindruck, dass sich nicht viel verändert oder verbessert hat. Das geschieht zum Teil dadurch, dass Menschen kein gutes Gefühl für die bereits vergangene Zeit haben, es sei denn, sie wird durch ein Raster, also eine Kadenz, strukturiert. In jedem sechs Monate dauernden Abschnitt, in jedem Lernkapitel, lernt die Organisation hinzu und macht weitere Erfahrungen mit der Agilität.

Sie können es auch mit der Scrum-Brille betrachten: Die sechsmonatigen Lernkapitel sind Sprints der Veränderung. Die zweitägigen Open Spaces zwischen den Lernkapiteln entsprechen einem Sprintwechsel, in dem Review, Retrospektive und Planung stattfinden. Das Backlog kommt vom Sponsor: Über die Themen der jeweiligen Open Spaces kann er in Abstimmung mit der Organisation seine inhaltlichen Schwerpunkte setzen.

Mit OSA starten

Wie OSA mit Konzepten der Organisationsentwicklung zusammenspielt

OSA ersetzt nicht die bekannten Ansätze der Organisationsentwicklung, sondern kann einen Rahmen bieten, in den sich diese Ansätze einbetten lassen. Wir stellen OSA hier in aller Kürze einigen bewährten Konzepten gegenüber, die Sie vielleicht selbst schon für Transformation genutzt haben, damit Sie diese besser mit OSA vergleichen und ergänzen können. Sie können Synergien nutzen und Bewährtes mit OSA zusammenbringen. Wenn Sie zum Beispiel die Kollegen aus der Unternehmens- und Personalentwicklung, aus Human Resources, aus dem Betriebsrat und der internen Unternehmenskommunikation einbinden, können Sie mit dieser Einordnung und Wortwahl die gleiche Sprache sprechen. Wir möchten vermeiden, dass diese wichtigen Stakeholder Ihre Einladung zum Open Space nicht annehmen, nur weil sie die Einladung nicht einordnen können.

Phasenmodell von Lewin

Im Dreischritt des Phasenmodells von Lewin für geplante Veränderungen (Lewin 1963) – auftauen, verändern, einfrieren – kann das OSA Engagement Modell gespiegelt werden:

1. Zuerst wird der Bereich aufgetaut, der transformiert werden soll (vor dem/im ersten Open Space).
2. Die Arbeitsweise wird verändert (100-Tage-Experiment).
3. Die neue Arbeitsweise wird eingefroren und die nächsten zu verändernden Arbeitsweisen und Bereiche werden aufgetaut (zweiter Open Space).

Mit „auftauen" ist auch gemeint, die Bereitschaft zur Veränderung zu erzeugen. Bekannte Techniken des Auftauens wie Auftragsklärung, Interviewtechniken, Kraftfeld-, Bedürfnis- oder Kompetenzanalysen können die Vorbereitung der Führungskräfte für OSA ideal ergänzen. Wenn Sie zur Einleitung von Veränderungen gerne Szenario-Techniken, Deep Democracy, Dynamic Facilitation, Teamentwicklungsspiele oder ganz andere Ansätze einsetzen, können Sie diese als Session im OpenSpace anbieten (genauso wie alle anderen Teilnehmer Sessions anbieten). Sie können diese auch als mögliche Maßnahmen für die 100-tägige Experimentierphase vorschlagen. Wichtig ist, dass Ihre vorgeschlagenen Maßnahmen mit den Werten des agilen Manifests übereinstimmen. Ab dem zweiten Open Space können Sie auch Maßnahmen zur Messung der Nachhaltigkeit und zum Festigen des Gelernten ins Spiel bringen. Durch die Größe und Art des Zuspruchs oder der Ablehnung aus der Gruppe aller Teilnehmer erhalten Sie direktes Feedback zum Nutzen und zur Akzeptanz.

8-Stufen-Modell von Kotter

Die Schritte, die Sie mit OSA gehen, finden sich auf andere Weise auch in den acht Schritten des Change Managements nach Kotter (2011) wieder. Die Stufen fassen auch sehr gut zusammen, welche Durchführungs- und Unterstützungsaufgaben den Führungskräften während der gesamten Transformation zugeschrieben werden – selbstverständlich auch bei OSA:

1. **Sense of Urgency:** Mit Hilfe des Storytellings und der Werbemaßnahmen, die den Change im Vorfeld ankündigen, zeigen die Führungskräfte die Dringlichkeit der Transformation auf.

2. **Führungskoalition aufbauen:** Für den ersten Open Space definieren die Führungskräfte gemeinsam ein Thema und eine Leitvorstellung. Durch die Einladung bringen Sie genau den richtigen Mix an richtungsweisenden Personen zusammen.

3. **Vision und Strategie entwickeln:** Vor dem ersten Open Space werden die Führungskräfte vom Sponsor über Vision und Vorgehensweise der Transformation mit OSA informiert. Während des ersten Open Spaces definieren die Mitarbeiter die Schritte für die Umsetzung.

4. **Vision kommunizieren:** Im Open Space wird die Vision bzw. das Thema des Open Spaces vertieft. Anschließend kommuniziert der Sponsor, welche Empfehlungen aus den Proceedings umgesetzt werden sollen.

5. **Mitarbeiter befähigen:** Für 100 Tage bekommen alle Mitarbeiter und Führungskräfte das Empowerment und den Handlungsfreiraum, um den Wandel einzuleiten. Die Coaches und Berater stehen als Befähiger zur Verfügung.

6. **Kurzfristige Erfolge sichtbar machen:** Im Idealfall treffen sich die beteiligten Mitarbeiter regelmäßig zum Beispiel alle zwei Wochen zur Reflexion, nach 100 Tagen treffen sie sich zum zweiten Open Space. Bei diesen Formaten werden die bisher erzielten Erfolge sichtbar gemacht.

7. **Veränderung weiter antreiben:** Im zweiten Open Space werden alle Erfahrungen und Erkenntnisse konsolidiert und es wird eine Bilanz gezogen. Hier wird beschlossen, auf welchen Ebenen weitere Change-Maßnahmen ablaufen sollen.

8. **Veränderungen in der Unternehmenskultur verankern:** Über das wiederkehrende Ritual des Open Space und weitere Routinen des agilen Managements wird der Change nach und nach in der Kultur verankert und in der gesamten Organisation verinnerlicht.

Organisationsveränderung nach Glasl

Eine Organisationsveränderung kann man nach Glasl entlang von vier unterschiedlichen Philosophien durchführen (Glasl, Kalcher, Piber 2014):

1. Man kann „Wildwuchs" betreiben und ohne Konzept impulsiv transformieren.

2. Beim „Machtansatz" wird die Transformation von oben verordnet und ggf. trotz Widerstand schnell realisiert.

3. Beim „Expertenansatz" zieht sich eine Gruppe von Experten zur Ausarbeitung

eines Lösungskonzepts zurück und rollt dieses anschließend aus.

4. OSA verfolgt den vierten Ansatz, den „Entwicklungsansatz", und ist somit eine partizipative Transformation, die die gesamte Kompetenz der Mitarbeiter aufgreift. Werte, Kultur und Struktur der Organisation werden so direkt mittransformiert.

Wie erleben Sie bisher Veränderungen in Ihrer Organisation? Wäre es ein großer Schritt für alle Beteiligten, zum Entwicklungsansatz zu wechseln? Oder gibt es bereits Mitarbeiterbeteiligung in diversen Bereichen? Welcher Ansatz passt zu den Fähigkeiten, Werten und der Kultur Ihres Unternehmens? Wenn Sie selten oder gar nicht mit Entwicklungsansätzen arbeiten, empfehlen wir, zuvor kleinere Veränderungsmaßnahmen partizipativ zu gestalten und nicht direkt mit einer ganzheitlichen agilen Transformation mit OSA zu beginnen. Sammeln Sie Erfahrungen, indem Sie mit Partizipation experimentieren.

Friedrich Glasl hat außerdem sieben Basisprozesse einer erfolgreichen Organisationsentwicklung (OE) definiert. Anhand der Kriterien, Methoden und Ziele nach Glasl können wir OSA als OE-Rahmenmodell ebenfalls analysieren und ergänzen.

1. **Diagnoseprozess:** Die Diagnoseprozesse finden sich vor allem in der Vorbereitungsphase von OSA wieder, in der Daten für den ersten Open Space gesammelt werden. Zustandsanalysen und Befragungen fließen in die Formulierung des Themas für den ersten Open Space und in das Storytelling der Führungskräfte ein. Dadurch verstehen alle Betroffenen den „Sense of Urgency". Anschließend enthalten die wiederkehrenden Open Spaces einen hohen Anteil an Retrospektive und Diagnose.

2. **Zukunftsgestaltungsprozesse:** Der Zukunftsgestaltungsprozess bezieht in den Open Spaces alle Mitarbeiter aktiv mit ein. Die Vision und das Commitment werden von den Führungskräften kommuniziert. Zum Beispiel im Rahmen von Visions-Workshops und durch erste Erfahrungen mit einladungsbasierten Meetings erarbeiten sich die Führungskräfte vorab eine klare Zielvorstellung.

3. **Psychosoziale Prozesse:** In der OSA-Vorbereitungsphase werden die Führungskräfte intensiv darauf vorbereitet, wie sie die Entwicklungsschritte ihrer Mitarbeiter während der Transformation begleiten können. Ihnen werden Personalentwickler und Coaches zur Seite gestellt, die insbesondere bei Stimmen der Abwertung, des Zynismus und der Angst unterstützen sollen (siehe z.B. Theorie U nach Scharmer 2011). Insbesondere bei nicht-logischen, nicht-kognitiven Diskussionen und Dialogen ist die Unterstützung der Coaches und Personalentwickler wichtig, um die inneren Haltungen, die Selbstbewusstwerdung jedes Einzelnen und den Umgang miteinander zu erschließen.

4. **Lernprozesse:** Die Lernprozesse finden kontinuierlich statt, vertieft aber während der 100-tägigen Experimentierphase. Alle Beteiligten haben Zugriff auf Trainings, Coachings und Expertenberatung. Sie sind stark motiviert, sich mit den notwendigen Kompetenzen auszustatten, da sie wissen, dass die Coaches und Experten nach 100 Tagen das Unternehmen wechseln bzw. verlassen.

5. **Informationsprozesse:** Durch hohe Transparenz sind allen Mitarbeitern die Informationen zur Transformation zugänglich. Über die versendeten Open Space Proceedings, Newsletter, Intranet, interne Marktstände und ggf. ein OSA-Büro hat jeder jederzeit Zugriff auf die Informationen.

6. **Umsetzungsprozesse:** Durch die wiederkehrenden Open Space Events und Retrospektiven werden Zwischenerfolge sichtbar, Teilziele werden zügig avisiert und umgesetzt.

7. **Change-Management-Prozesse:** Das Engagement Model OSA bietet eine erste grobe Planung für die Lenkungsorgane (Sponsor, Coaches etc.) und vermittelt an die Mitarbeiter eine hohe Professionalität im Führen der Veränderung.

Wenn Sie zum Beispiel eine Abteilung für Organisationsentwicklung oder einen Betriebsrat in Ihrem Unternehmen haben, empfehlen wir Ihnen, diese Bereiche in alle Prozesse einzubinden – spätestens durch eine Einladung zum ersten Open Space Event. Der Betriebsrat möchte im Rahmen der Mitbestimmung optimale Regelungen für die Belegschaft verhandeln und als Ansprechpartner bestens informiert sein. Gerade wenn es unter den Mitarbeitern und Führungskräften eine hohe Fluktuation gibt und/oder die Standorte der Organisation verteilt sind, kann der Betriebsrat eine wichtige Wissensquelle und sicherheitsgebende Konstante sein.

Befindlichkeitskurve von Kübler-Ross

Nach Kübler-Ross durchlebt jeder Mitarbeiter im Laufe der Veränderung unterschiedliche Befindlichkeiten und Energieniveaus und nimmt seine Kompetenz unterschiedlich wahr (Abbildung 9). Das OSA Engagement Model nimmt jeden Mitarbeiter mit – egal mit welcher Befindlichkeit: Wer gerade gelähmt ist, verweigert oder depressiv ist, braucht die Einladung zum Open Space nicht anzunehmen. Alle Aktiven, egal ob zornig, verhandlungs- oder experimentierfreudig oder völlig von sich eingenommen, können

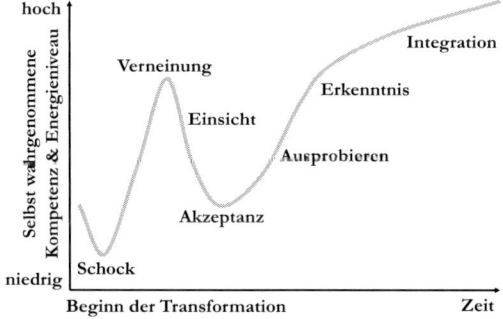

Abbildung 9: Befindlichkeitskurve nach Kübler-Ross

sich einbringen. Die hohe Transparenz und Informationsdichte sowie die Möglichkeit, jederzeit wieder in die Aktivitäten ein- oder daraus auszusteigen (immer einladungsbasiert) kommt den unterschiedlichen Befindlichkeitsphasen und ihren Bedürfnissen entgegen.

Das OSA Engagement Model schafft regelmäßige Reflexionsräume und bietet die durchgehende Begleitung während der Experimentierphase durch die Coaches. Diese Coaches unterstützen die Mitarbeiter nicht nur dabei, ihre Ressourcen zu aktivieren und umzusetzen, sondern begleiten auch die Problem- und Selbstreflexion. Sie leben Wertschätzung und emotionale Unterstützung der Mitarbeiter vor und tragen so wesentlich zum Erfolg der Transformation bei (Greif 2008).

Erste Schritte mit OSA

Auch wenn die Transformation von den informellen Leadern getragen wird, muss sie von den Führungskräften in der Hierarchie unterstützt werden. Sowohl das Vertrauen in agile Arbeitsweisen, wie auch das Vertrauen in einen einladungsbasierten Transformationsprozess entsteht jedoch nicht über Nacht. Auf beiden Ebenen sind praktische Erfahrungen Voraussetzung, um ein gemeinsames Verständnis und damit Vertrauen zu schaffen.

Vertrauen in die Agilität schaffen

Falls Sie nicht ohnehin schon dabei sind: Starten Sie Pilotprojekte mit einzelnen Scrum- oder Kanban-Teams und initiieren Sie agile Trainings – natürlich einladungsbasiert und nicht auf An-

ordnung. Sowohl die Teams als auch die Führungskräfte machen dabei wichtige Erfahrungen mit Pull-Systemen, Transparenz, Teamwork und Vertrauen. Neben diesen generellen Erfahrungen mit agilen Arbeitsweisen wird in diesen ersten Experimenten auch klar, was einfach geht und wo die Herausforderungen liegen – jeweils bezogen auf Produkt, Markt und Kultur.

Suchen Sie in dieser frühen Phase auch den Austausch mit anderen Unternehmen, zum Beispiel auf Konferenzen. Beginnen Sie früh damit, ein agiles Netzwerk aufzubauen. Der Austausch mit anderen macht Mut, eröffnet neue Sichtweisen und verhindert, dass sich die Pilotprojekte durch die lediglich interne Interpretation von Agilität in eine ungewollte Richtung oder gar Sackgasse bewegen.

Erste Kulturveränderungen

Wirkliche, ehrliche Einladungen auszusprechen ist für die meisten Organisationen ungewohnt. Parallel zu den oben erwähnten Pilotprojekten können Sie damit beginnen, über das Thema „Freiwilligkeit in der Führung" nachzudenken. Was macht das mit Ihnen, was macht es mit Ihren Mitarbeitern?

Setzen Sie gezielt kleine Experimente ein, um das Vertrauen zu gewinnen: Sprechen Sie echte Einladungen für Ihre Meetings aus und lernen Sie anhand der entstandenen Transparenz – wer kommt, wer kommt nicht? Diese Information zeigt Ihnen, wie Sie die Inhalte Ihrer Meetings, Ihre Einladungen und das Storytelling verbessern können, um mehr Menschen damit zu erreichen. Weiten Sie das Storytelling aus, um die Notwendigkeit der Veränderung zu unterstreichen und eine Aufbruchsstimmung zu erzeugen.

Das Beispiel mit den Einladungen zu Meetings zeigt: Für solche kleinen Veränderungen im Tagesgeschäft müssen Sie niemanden fragen, Sie benötigen keine Erlaubnis von Ihren Vorgesetzten. Dennoch haben sie einen großen Einfluss auf die Kultur in Ihrer Organisation. Daniel Mezick zeigt in seinem Buch „The Culture Game" eine ganze Reihe dieser kleinen Veränderungen auf, die Sie jederzeit umsetzen können und die eine Kultur langsam, aber deutlich in die Richtung einer agilen Organisation bewegen.

Mehr über OpenSpace Agility erfahren

In diesem Buch sind wir nicht im Detail auf alle Aspekte des Engagement Models OpenSpace Agility eingegangen, das werden wir in weiteren Veröffentlichungen nachholen. Als Referenz dient das „OpenSpace Agility Handbook" von Daniel Mezick, in dem er anhand des OSA-Übersichtsbildes (siehe auch das Cover dieses Buchs) alle Aspekte seines Modells, inklusive der vorgesehenen Rollen, detailliert beschreibt. Sein Buch ist mittlerweile auch im deutschen Buchhandel erhältlich. Darüber hinaus empfehlen wir „Open Space Technologie" von Harrison Owen, das ein tiefes Verständnis für die Funktionsweise des Open Space Formats liefert.

Ein guter Weg, um sich über OSA in der Praxis auszutauschen, ist die Teilnahme an einem offiziellen Training zu OpenSpace Agility, das mit dem Zertifikat OSA1 (OpenSpace Agility Level 1) abschließt. Inzwischen gibt es auch in Europa mehrere Trainer, die dieses Training anbieten (darunter die Autoren), es gibt jedoch auch die Möglichkeit, einen Online-Kurs bei Daniel Mezick selbst zu buchen. Daniel bietet immer wieder Kurse an, die mit der europäischen Zeitzone harmonieren. Wer bereits Erfahrung mit OSA in der Praxis gesammelt hat, kann sich für die Zertifizierung OSA2 bewerben. Mehr Infos zu Trainings und Zertifizierungen finden Sie auf der Webseite von Daniel Mezick (openspaceagility.com) und auf der Seite der Autoren (os-agility.de).

Des weiteren können Sie sich in vielen sozialen Netzwerken wie Twitter, Facebook, LinkedIn und Xing mit der OSA Community und den Autoren austauschen. Auf diese Weise erfahren Sie auch stets von neuen Veröffentlichungen und Diskussionen.

Loslegen, auch ohne Masterplan

Auch wenn OpenSpace Agility durch die Struktur, eingerahmt von Open Space Events, Halt in der Liminalität gibt: Am Anfang fühlt es sich für Sie unter Umständen seltsam an, ein so großes Unterfangen zu starten und über 100 Tage in die Zukunft zu planen. Es spricht nichts dagegen, OSA im Hinterkopf zu haben, sich dann aber ohne große Vorausplanung einfach auf das erste Open Space Event einzulassen. Was dort geschieht, wird ohnehin alles weitere beeinflussen. Lassen Sie sich darauf ein und entscheiden Sie dynamisch. Die möglichen Optionen kennen Sie nach der Lektüre dieses Buchs.

Wenn Sie und Ihre Führungsmannschaft bereit sind, machen Sie sich daran, das Thema für den ersten Open Space zu definieren und laden Sie alle ein. Dann wird für Sie zum ersten Mal deutlich werden, was die Organisation kann und will. Die Teilnehmer werden Ihnen vorschlagen, wie es weitergehen kann. Es wird zu diesem Zeitpunkt die einzige Möglichkeit sein, wie es weitergehen kann. Vertrauen sie ihnen.

Über die Autoren

Joachim Pfeffer

Joachim Pfeffer ist Unternehmensberater und agiler Coach. Nach über zehn Jahren in der Produktentwicklung (Software, Elektronik, Mechanik) und sechs Jahren Beratungspraxis in Entwicklungs- und Dienstleistungsprozessen beschäftigt sich Joachim Pfeffer heute hauptsächlich mit der Einführung von Lean/Agile in der Embedded- und Mechanik-Entwicklung sowie in administrativen Prozessen. Sein besonderes Augenmerk liegt dabei auf der ökonomischen Optimierung von Entwicklungsprojekten. Als Inhaber einer Berufspilotenlizenz überträgt Joachim Pfeffer Teamkonzepte aus der Luftfahrt auf Management und Entwicklungsteams. **www.joachim-pfeffer.com**

Miriam Sasse

Dr.-Ing. Miriam Sasse hat sich nach ihrem Studium des Wirtschaftsingenieurwesens und der Psychologie auf die Selbstoptimierung von Projektteams und Arbeitsprozessen spezialisiert. Sie ist zertifizierter Business Coach und hat Teams aus den Bereichen Anlagen- und Maschinenbau, Automobilbau, Tiefbau, Elektronik, IT, Dienstleistung sowie Forschung bei der Umsetzung von Projekten begleitet. Ihr Schwerpunkt liegt darauf, psychologische Sichtweisen und Techniken für Ingenieure verständlich und anwendbar zu gestalten. Sie nutzt vor allem den Ansatz des Schema-Coachings, um Denk- und Handlungsmuster nachhaltig zu verändern, zum Beispiel für die Anwendung im Kontext von Resilienz, Krisen- und Changemanagement – in klassischen Projekten, für agile Teams und bei Transformationen. **www.miriamsasse.de**

Über Daniel Mezick

Daniel Mezick coacht Führungskräfte und Teams seit 2006. Er ist Experte in der Frage, wie man agile Kulturen über die Softwareentwicklung hinaus in Organisationen tragen kann. In seinen Büchern und Workshops zeigt er den Weg dazu auf, genauso wie auf vielen Konferenzen, wo er als gefragter Speaker anzutreffen ist. Zu seinen Kunden zählen unter anderem Capital One, INTUIT, Adobe, CIGNA, Pitney Bowes, SIEMENS Healthcare, die Harvard University und viele kleinere Organisationen. 2012 hat er mit „The Culture Game" ein bahnbrechendes Werk veröffentlicht: Darin beschreibt er 16 typische Muster, die dabei helfen, agile Ideen nach einem klaren Schritt-für-Schritt-Konzept über die Softwareentwicklung hinaus in einer Organisation zu verbreiten.

2014 hat Daniel auf Basis der Culture-Game-Muster das Modell „OpenSpace Agility" (OSA) definiert. Es bietet eine flexible Vorlage und ein Engagement Model für nachhaltige Veränderungen in Organisationen. Als Hauptautor hat er gemeinsam mit Louise Kold-Taylor, Deb Pontes, Mark Sheffield und Harold Shinsato sein Modell im „OpenSpace Agility Handbook" genau dargestellt. Auf diesen Veröffentlichungen basiert auch das Vorgehen von Daniel Mezick in der Beratung von Unternehmen. Er bietet außerdem Workshops zu OpenSpace Agility sowie Coaching und agile Trainings für Teams und Führungskräfte an.

Literatur

Ameln, F. v. (2015). Organisationsberatung. Eine Einführung für Berater, Führungskräfte und Studierende. Heidelberg: Springer.

Antons K., Amann A., Clausen G., König O. & Schattenhofer K. (2004). Gruppenprozesse verstehen (2. Auflage). Wiesbaden: Verlag für Sozialwissenschaften.

Beck, D. E. & Cowan, C. C. (2007). Spiral Dynamics - Leadership, Werte und Wandel. Bielefeld: Kamphausen.

Denning, S. (2011). The Leader's Guide to Storytelling: Mastering the Art and Discipline of Business Narrative. San Francisco: Jossey-Bass.

Deterding, S., Khaled, R., Nacke, L. & Dixon, D. (2011). Gamification: Toward a definition, CHI, Vancouver, 12-15. Mai.

Dörner, D. & Reither, F. (1978): Über das Problemlösen in sehr komplexen Realitätsbereichen. Zeitschrift für experimentelle und angewandte Psychologie XXV, 4, 527-551.

Bailey, E. (2017). Rituals: Past, Present and Future Perspectives. New York: Nova Science Publishers, Incorporated.

Freyth, A. (2017). Veränderungsintelligenz auf individueller Ebene. Teil 1: Persönliche Veränderungskompetenz. Diagnose und Stärkung der persönlichen Voraussetzungen zur Entstehung von Veränderungsleistung. In Baltes, G. & Freyth, A. (Hrsg.), Veränderungsintelligenz. Agiler, innovativer, unternehmerischer den Wandel unserer Zeit meistern. Wiesbaden: Springer Gabler.

Funder, M. (1999). Paradoxien der Reorganisation: Eine empirische Studie strategischer Dezentralisierung von Konzernunternehmungen und ihrer Auswirkungen auf Mitbestimmung und Industrielle Beziehungen. München: Hampp.

Gebert, D. & Boerner, S. (1999). Krisenmanagement durch Vertrauen? Zur Problematik betrieblicher Öffnungsprozesse in ökonomisch schwierigen Situationen. In J. Freimuth (Hrsg.), Die Angst der Manager (S. 137-161). Göttingen: Hogrefe.

Gentry, J. W. (1990) What is experiential learning? In J. W. Gentry (Hrsg.), Guide to business gaming and experiential learning (S. 9–20). East Brunswick: Nichols/ GP

Geyer, G. & Kohlhofer, I. (2008): Emotionen in M&A Projekten: Öl oder Sand im Getriebe. Zeitschrift OrganisationsEntwicklung Nr. 3/2008

Glasl, F., Kalcher, T. & Piber, H. (2014). Professionelle Prozessberatung. Das Trigon-Modell der sieben OE-Basisprozesse. Bern: Haupt/Freies Geistesleben.

Gray, D. (2012). The Connected Company. Sebastopol: O'Reilly Media.

Grawe, K. (2000). Psychologische Therapie (2. Auflage). Göttingen: Hogrefe.

Greif, S. & Kurtz, H.-J. (1996) Handbuch selbstorganisiertes Lernen (2. Auflage.). Göttingen: Verlag für angewandte Psychologie.

Greif, S. (2008) Coaching und ergebnisorientierte Selbstreflexion, Theorie, Forschung und Praxis des Einzel- und Gruppencoachings. Göttingen: Hogrefe.

Harzing, A.-W. & Hofstede, G. (1996). Planned change in organizations: The influence of national culture. Research in the Sociology of Organizations, 14, 297–340.

Katz, D. (1964). The motivational basis of organizational behavior. Behavioral Science, 9, 131–146.

Kirsch, C., Chelliah, J., & Parry, W. (2012). The impact of cross-cultural dynamics on change management. Cross Cultural Management: An International Journal, 19(2), 166–195.

Kotter, J.P. (1997). Chaos, Wandel, Führung: Leading Change. Düsseldorf: Econ-Verlag.

Kotter, J. P. (2011). Leading Change. Wie Sie Ihr Unternehmen in 8 Schritten erfolgreich verändern. München: Vahlen.

Kübler-Ross, E. (1991). Über den Tod und das Leben danach. Neuwied: Silberschnur.

Lewin K. (1943): Defining the „Field at a Given Time". Psychological Review, 50, 292–310.

Lewin, K. (1947). Change Management Model. New York: McGraw Hill.

Lewin, K. (1963). Geplante Veränderungen als Dreischritt: „Auflockern, Hinüberleiten und Verfestigen eines Gruppenstandards": Gleichgewichte und Veränderungen in der Gruppendynamik. In D. Cartwright (Hrsg.), Feldtheorie in den Sozialwissenschaften. Ausgewählte theoretische Schriften (S. 262 f.). Bern: Hans Huber.

Luhmann, N. (1997) Die Gesellschaft der Gesellschaft (Bd. 2). Frankfurt/M.: Suhrkamp.

Luke, J. (1998): Catalytic Leadership: Strategies for an Interconnected World. New York: Wiley.

McGonigal, J. (2012): Besser als die Wirklichkeit!: Warum wir von Computerspielen profitieren und wie sie die Welt verändern. München: Heyne.

Mezick, D. (2012): The Culture Game: Tools for the Agile Manager. FreeStanding Press.

Mezick, D., Pontes, D., Shinsato, H., Kold-Taylor, L. & Sheffield, M. (2015): The Openspace Agility Handbook : Version 2. 2. FreeStanding Press

Owen, H. (2011): Open Space Technology : ein Leitfaden für die Praxis. Stuttgart: Schäffer-Poeschel.

Pardon, Bettina (2003): Kommunikationsorientiertes Wissensmanagement. profile - Internationale Zeitschrift für Veränderung, Lernen, Dialog, 6, 42-50.

Pechtl, W. (2001): Zwischen Organismus und Organisation. St. Pölten: Landesverlag 2001

Revans, R. W. (1982): The origin and growth of action learning. Bratt-Inst. für Neues Lernen.

Scharmer, C. O. (2011). Theorie U – Von der Zukunft her führen. Heidelberg: Auer.

Schein, E. H. (1999). The corporate culture survival guide: sense and nonsense about culture change. San Francisco: Jossey-Bass.

Scheller, T. (2017). Auf dem Weg zur agilen Organisation: Wie Sie Ihr Unternehmen dynamischer, flexibler und leistungsfähiger gestalten. München: Vahlen.

Schiewek, W. (2016). Ethische Dimensionen der Stabsarbeit. In G. Hofunger & R. Heimann (Hrsg.), Handbuch Stabsarbeit: Führungs- und Krisenstäbe in Einsatzorganisationen, Behörden und Unternehmen (S.23-29). Berlin: Springer.

Schindler, R. (1957). Grundprinzipien der Psychodynamik in der Gruppe. Psyche, 11 (5), 308–314.

Schreyögg, G. & Noss, C. (1995). Organisatorischer Wandel: Von der Organisationsentwicklung zur Lernenden Organisation. Die Betriebswirtschaft, 55, 169-185.

Schreyögg, G. (1999) Unternehmenstheater in organisatorischen Veränderungsprozessen. In G. Schreyögg & R. Dabitz (Hrsg.), Unternehmenstheater: Formen – Erfahrungen – Erfolgreicher Einsatz (S. 23–36). Wiesbaden: Gabler.

Schuh, G., Friedli, T. & Kurr, M. (2005): Kooperationsmanagement: systematische Vorbereitung, gezielter Auf- und Ausbau, entscheidende Erfolgsfaktoren. München: Hanser.

Senge, P. M. (1996). Die fünfte Disziplin. Stuttgart: Schäffer-Poeschel.

Shazer, S. De & Dolan, Y. M. (2008): Mehr als ein Wunder: lösungsfokussierte Kurztherapie heute. Heidelberg: Carl-Auer.

Streich, R. (1997). Veränderungsmanagement. In: M. Reiß, L. von Rosenstiel, & A., Lanz (Hrsg.), Change Management (S. 662–671). Stuttgart: Schäffer-Poeschel.

Tuckman, B. & Jensen, M.A.C.(1977). Stages of small group development revisited. Group and Organizational Studies, 2, 419–427.

Turner, V. (1964) Betwixt and Between. The Liminal Period in Rites de Passage. In: June Helm (Hrsg.): Symposium on New Approaches to the Study of Religion. Proceedings of the 1964 Annual Spring Meeting of the American Ethnological Association (= Proceedings of the Annual Spring Meeting of the American Ethnological Society. University of Washington Press,Seattle WA 1964 ISSN 0731-4108) S. 4–20

Turner, V. (1974). Dramas, Fields, and Metaphors: Symbolic Action in Human Society. Cornell University Press. pp. 273-4.

Ungeheuer, G. (1987). Vor-Urteile über Sprechen, Mitteilen, Verstehen. In Juchem, J. G. (Hrsg.), Kommunikationstheoretische Schriften I, Aachener Studien zur Semiotik und Kommunikationsforschung (S. 290-338). Alano

Wilkens, U. (2013). Management von Arbeitskraftunternehmern: Psychologische Vertragsbeziehungen und Perspektiven für die Arbeitskräftepolitik in wissensintensiven Organisationen. Heidelberg: Springer.

Yüksek, S. & Bekmeier-Feuerhahn, S. (2013). Culture-specific objectives of change communication: An intercultural perspective. Journal of Management & Change 30/31 (1/2), 180–193.

Zech, R. (2013) Organisation, Individuum, Beratung. Systemtheoretische Reflexionen. Göttingen: Vandenhoeck & Ruprecht.